BERICHTE ÜBER DIE VERHANDLUNGEN DER SÄCHSISCHEN AKADEMIE DER WISSENSCHAFTEN ZU LEIPZIG

Mathematisch-naturwissenschaftliche Klasse
Band 98 · Heft 1

WALTER SCHNEE

ÜBER MAGISCHE QUADRATE UND LINEARE GITTERPUNKTPROBLEME

1951

AKADEMIE-VERLAG · BERLIN

BERICHTE ÜBER DIE VERHANDLUNGEN DER SÄCHSISCHEN
AKADEMIE DER WISSENSCHAFTEN ZU LEIPZIG

Mathematisch-naturwissenschaftliche Klasse
Band 98 · Heft 1

WALTER SCHNEE

ÜBER MAGISCHE QUADRATE UND LINEARE GITTERPUNKTPROBLEME

1951

AKADEMIE-VERLAG · BERLIN

Vorgelegt von Herrn E. HÖLDER in der Sitzung vom 16. Januar 1950
Manuskript eingeliefert am 10. Februar 1950
Druckfertig erklärt am 25. August 1951

Erschienen im Akademie-Verlag GmbH., Berlin NW 7, Schiffbauerdamm 19
Lizenz-Nr. 156 • 100/28/50
Satz und Druck der Buchdruckerei F. Mitzlaff, Rudolstadt/Thür. (505)
Bestell- und Verlagsnummer 2027/98/1
Preis: DM 4,65
Printed in Germany

Inhalt

Unter einem semimagischen Quadrat versteht man bekanntlich eine quadratische Matrix, in der die ganzen Zahlen von 1 bis n^2 so angeordnet sind, daß die Summe der Elemente in jeder Reihe (Zeile oder Spalte) immer denselben Wert s hat, so daß offenbar

$$s = \frac{n}{2}(n^2 + 1)$$

ist. Man nennt das Quadrat magisch, wenn auch noch die Summe der Elemente in jeder der beiden Diagonalen diesen Wert s hat; wegen des unorganischen Charakters dieser beiden Diagonalenbedingungen erweitert man den Diagonalenbegriff dadurch, daß man an die rechte Quadratseite dieselbe Matrix anfügt und die $n-1$ Parallelen, die es in dieser rechteckigen Matrix zu jeder der beiden „Hauptdiagonalen" der ursprünglichen Matrix gibt, als Diagonalen der ursprünglichen Matrix bezeichnet, wie es auch aus der Determinantentheorie bekannt ist. Wenn dann die Summe der n Elemente nicht nur in jeder der $2n$ Reihen, sondern auch in jeder der $2n$ Diagonalen den Wert s hat, so bezeichnet man die Matrix als pandiagonal. Die aus diesen Begriffsbildungen entstehenden Probleme stehen nun im Zusammenhang nicht nur mit Problemen des Schachspiels, wie dem m-Königinnenproblem und dem Rösselsprung-Problem, sondern auch mit unmittelbar mathematischen Problemstellungen, wie dem der Eulerschen Quadrate und der lateinischen Quadrate und haben wegen ihrer engen Beziehungen zu Zahlentheorie, Kombinatorik und Gruppentheorie seit jeher das Interesse der Mathematiker gefunden; man kann hier Namen nennen wie Euler, Fermat und Gauß und diese Reihe bis zu Landau und Pólya fortsetzen. Die sehr umfangreiche Literatur ist in dem Werke von W. Ahrens, Mathematische Unterhaltungen und Spiele (Teubner), dargestellt. Was nun das Problem der magischen Quadrate anbetrifft, so hat sich das schon von Fermat aufgestellte Verfahren zur Bildung dieser Quadrate bei festem n als nicht erschöpfend herausgestellt, und Ahrens bezeichnet sogar diese Aufgabe beim gegenwärtigen Stande unseres Wissens als hoffnungslos, da schon der Fall $n = 5$ nicht mehr erschöpfend behandelt ist und infolgedessen auch Anzahlbestimmungen für $n \geqq 5$ nicht möglich sind.

Nun scheint es mir, daß es sich bei den magischen Quadraten nicht eigentlich um Permutationsaufgaben oder Aufgaben der Kombinatorik handelt, sondern um Aufgaben der linearen Algebra, und ich erweitere daher die Problemstellung dadurch, daß ich, wie es natürlich auch sonst gelegentlich der Fall ist, Matrizen betrachte, deren Elemente beliebige ganze Zahlen sind, wobei aber die Annahme durchaus wesentlich ist, daß diese n^2 ganzen Zahlen untereinander verschieden sind. Trotz dieser Verallgemeinerung gebrauche ich sinngemäß die Begriffsbildungen der semimagischen, magischen und pandiagonalen Quadrate, wobei natürlich für die zugehörige Summe s der oben angegebene Wert wegfällt. Dagegen beschränke ich mich in der vorliegenden Arbeit auf den einfachsten Spezialfall $n = 3$, obwohl die angewandten Methoden eine allgemeine Tragweite haben, möchte aber für diesen Spezialfall die grundlegenden Probleme erschöpfend behandeln, d. h. bis zur Aufstellung der Anzahlformeln. Man gewinnt dann einen besonders einfachen Ausgangspunkt in dem folgenden Satz, den ich zunächst in § 1 beweise: In jedem semimagischen Quadrat mit 9 Elementen enthält von den beiden Reihen, die durch das kleinste Element gehen, die eine das größte Element und die andere das zweitgrößte Element, und es enthält von den beiden Reihen, die durch das größte Element gehen, die eine das kleinste Element und die andere das zweitkleinste Element. Ferner ist es sogar für jedes n eine triviale Tatsache, daß ein semimagisches Quadrat diese Eigenschaft behält, wenn man irgend zwei Zeilen oder irgend zwei Spalten vertauscht oder die Zeilen als Spalten schreibt. Betrachtet man zwei semimagische Quadrate, die durch diese trivialen Vertauschungen ineinander übergeführt werden können, nicht als wesentlich verschieden, so darf man also annehmen, daß in der Matrix

$$\begin{pmatrix} x_1 & x_2 & x_3 \\ y_1 & y_2 & y_3 \\ z_1 & z_2 & z_3 \end{pmatrix}$$

x_1 das kleinste Element, x_3 das größte Element und z_1 das zweitgrößte Element ist, während das zweitkleinste Element entweder z_3 oder y_3 ist. Schließlich ist es eine triviale Tatsache für jedes n, daß ein semimagisches Quadrat oder auch ein magisches oder pandiagonales Quadrat diese Eigenschaft behält, wenn man zu jedem Element eine beliebige ganze Zahl a addiert, da dann die zugehörige Summe s nur in $s + na$ übergeht. Man darf daher weiter annehmen, daß das kleinste Element $x_1 = 1$ ist; ein derartiges semimagisches Quadrat bezeichne ich als Normalquadrat. Die Aufgabe, für $n = 3$ die sämtlichen semimagischen Quadrate aufzustellen, ist damit auf die Aufgabe zurückgeführt, die sämtlichen Normalquadrate aufzustellen, und ich beweise daher in § 1 einen Satz über Normalquadrate, der es gestattet, ohne jede Mühe sämtliche Normalquadrate geordnet nach wachsenden Werten der zugehörigen Summe s zu bilden, wobei jedes nur einmal auftritt. Damit erhalte ich zugleich für die Funktion $f(s)$, welche die Anzahl der Normalquadrate mit der zugehörigen Summe s angibt, die Anfangswerte: $f(s) = 0$ für $s \leqq 14$, $f(15) = 1$, $f(16) = 2$, $f(17) = 4$, $f(18) = 7$, $f(19) = 10$, $f(20) = 16$, $f(21) = 21$ . . .

In § 2 behandle ich als erste Anwendung des in § 1 aufgestellten grundlegenden Satzes das Diagonalenproblem. Im Falle $n = 3$ werden auch die sechs Diagonalen durch jede der 72 trivialen Vertauschungen nur untereinander vertauscht, und es haben je zwei nicht parallele Diagonalen genau ein gemeinsames Element, während zwei parallele Diagonalen kein gemeinsames Element haben. Man erhält nun zunächst, daß in jedem semimagischen Quadrat die beiden Diagonalen, die das kleinste Element gemeinsam haben, stets eine Summe kleiner als s liefern, während die beiden Diagonalen, die das größte Element gemeinsam haben, stets eine Summe größer als s liefern, so daß es im Falle $n = 3$ für keinen Wert von s pandiagonale Quadrate gibt, während in einem magischen Quadrat nur die beiden letzten Diagonalen, die das mit dem kleinsten und größten Element in einer Reihe stehende „mittlere“ Element gemeinsam haben, als Hauptdiagonalen die Summe s liefern können. In der Tat erhält man für jedes durch 3 teilbare $s \geqq 15$ magische Quadrate, indem man für das erste und zweite Element der mittleren Zeile die Werte 1 und $s/3$ wählt, während für das erste Element der dritten Zeile jeder Wert z_1 zulässig ist, der den Bedingungen

$$\frac{s}{2} \leqq z_1 \leqq \frac{2s}{3} - 2, \quad z_1 \neq \frac{1}{9}(5s - 6)$$

genügt; hierdurch erhält z_1 im Falle $s = 15$ nur den einen Wert $z_1 = 8$ und im Falle $s = 21$ nur den einen Wert $z_1 = 12$, während sonst mehr als ein Wert zulässig ist. Die übrigen Elemente der Matrix sind dann offenbar durch die Forderung bestimmt, daß die Elemente aller drei Zeilen, beider Hauptdiagonalen und der ersten Spalte die Summe s haben sollen, so daß also nicht nur zu beweisen ist, daß dann auch die Elemente der zweiten und dritten Spalte die Summe s haben, sondern auch, daß die 9 Elemente stets verschiedene positive ganze Zahlen sind. Das Wichtigste aber ist die Umkehrung, daß man hierdurch alle wesentlich verschiedenen magischen Quadrate mit dem kleinsten Element 1 erhält und jedes nur einmal; dabei werden zwei magische Quadrate als nicht wesentlich verschieden betrachtet, wenn sie sich durch Anwendung einer der 8 trivialen Vertauschungen, bei denen das jetzt im Mittelpunkt des Quadrates befindliche „mittlere“ Element in Ruhe bleibt, ineinander überführen lassen. In diesem Satz ist natürlich die Folgerung enthalten, daß in jedem magischen Quadrat die zugehörige Summe s durch 3 teilbar und daß das „mittlere“ Element stets $= s/_3$ ist, also gleich dem arithmetischen Mittel aller 9 Elemente, und diese Eigenschaften bleiben offenbar erhalten, wenn man zu jedem Element eine beliebige ganze Zahl a addiert. Zugleich erhält man für die Funktion $g(s)$, welche die Anzahl der wesentlich verschiedenen magischen Quadrate mit dem kleinsten Element 1 und der zugehörigen Summe s angibt, die folgende Darstellung, in der sich die Kongruenzen auf den Modul $M = 18$ dieses Problems beziehen:

$$g(s) = \frac{s}{6} - 1 \text{ falls } s \equiv 0 \quad \text{oder } s \equiv 6,$$

$$g(s) = \frac{s}{6} - \frac{3}{2} \text{ falls } s \equiv -3 \text{ oder } s \equiv 9,$$

$$g(s) = \frac{s}{6} - 2 \text{ falls } s \equiv -6,$$

$$g(s) = \frac{s}{6} - \frac{5}{2} \text{ falls } s \equiv 3.$$

Die Anfangswerte sind daher $g(12) = 0$, $g(15) = 1$, $g(18) = 2$, $g(21) = 1$, $g(24) = g(27) = g(30) = 3$, $g(33) = 4$, $g(36) = 5$, $g(39) = 4, \ldots$ Ferner ergibt sich: ist k eine beliebige positive ganze Zahl und $S = 18k + 3$, so wird die Anzahl der wesentlich verschiedenen magischen Quadrate mit dem kleinsten Element 1 und mit der zugehörigen Summe $s \leqq S$ durch die Formel $G(S) = k \cdot (9k - 5)$ dargestellt, und es befinden sich unter diesen ebensoviel magische Quadrate mit ungeradem s wie mit geradem s.

In § 3 gehe ich zu der Hauptaufgabe dieser Arbeit über, auch die schon im § 1 eingeführte Funktion $f(s)$, welche die Anzahl der Normalquadrate mit der Summe s angibt, explizite aufzustellen. Ich setze $s = 2 \cdot (t + 5) + e$, wo e entweder den Wert 0 oder den Wert 1 hat, und betrachte für jede positive ganze Zahl t das Tetraeder $y \geqq 0$, $z \geqq 0$, $y \leqq x$, $x + z \leqq t$, sowie die 7 Ebenen $x - y - z = 0$, $x + 2z = t$, $y + 2z = t + 1$, $x + 2y + z = t - e$, $2x + y + z = t - e - 1$, $x + 2y + 2z = t - e - 1$, $2x + y + 2z = t - e - 2$, die wir als die kritischen Ebenen bezeichnen; jede dieser Ebenen schneidet das Tetraeder in einem Dreieck, abgesehen von ausgearteten Fällen, in denen die Ebene mit dem Tetraeder entweder nur eine Ecke desselben oder überhaupt keinen Punkt gemeinsam hat, die aber nur für die Anfangswerte $t = 1, 2, 3$ eintreten. Bezeichnet man dann die Raumpunkte mit ganzzahligen Koordinaten als Gitterpunkte, so gibt die Funktion $f(s)$ auch die Anzahl der

Gitterpunkte an, welche im Innern oder auf dem Rande des Tetraeders, aber in keiner der kritischen Ebenen liegen. Man beweist das natürlich, indem man auf Grund des in § 1 bewiesenen Satzes eine eindeutige Beziehung zwischen diesen Gitterpunkten und den Normalquadraten mit der zugehörigen Summe s herstellt. Wir bezeichnen ferner mit l die Gesamtanzahl der Gitterpunkte im Innern oder auf dem Rande des Tetraeders und mit m die Gesamtanzahl der Gitterpunkte, welche einer der kritischen Ebenen angehören, indem ein derartiger Gitterpunkt mit der Vielfachheit w gezählt wird, wenn er w kritischen Ebenen angehört. Es sei weiter n die Gesamtanzahl der Gitterpunkte, welche auf den Schnittgeraden von irgend zwei kritischen Ebenen liegen, indem ein solcher Gitterpunkt doppelt gezählt wird, wenn er drei kritischen Ebenen angehört. Dann ist $f(s) = l - m + n$. Nun berechnen wir die Anzahl l noch in § 3, die Anzahl m in § 4 und die Anzahl n in § 5 und gelangen so in § 6 zu dem folgenden Satz: Es sei $t \equiv 2g + f\,(4)$, $t \equiv f_1\,(3)$, $t \equiv f_2\,(5)$, $t \equiv f_3\,(7)$, wo f und g ebenso wie e entweder den Wert 0 oder den Wert 1 haben, und wo $|f_1| \leqq 1$, $|f_2| \leqq 2$, $|f_3| \leqq 3$ ist, so daß nicht nur die 6 Werte e, f, g, f_1, f_2, f_3 durch s eindeutig bestimmt sind, sondern auch umgekehrt diese 6 Werte die Restklasse eindeutig bestimmen, in der der Parameter s in bezug auf den Modul $M = 2^3 \cdot 3 \cdot 5 \cdot 7 = 24 \cdot 35 = 840$ dieses Problems liegt; dann gilt für $s \geqq 12$, d. h. $t \geqq 1$ die Formel

$$f(s) = \frac{t}{6}(t^2 - 7) + \frac{f_1}{3}(1 + f_1)(t - 1)$$

$$+ \frac{e}{6}[(t-1)(6 - 3f - 4f_1) + 12f + 6g(1-f) + 5f_1(1-f_1)] + r,$$

wo der Rest r nur von den Zahlen e, f_2, f_3 abhängt und $-2 \leqq r < 1$ ist. Es ist nämlich

$r = 1$ für $e = 0$, $f_2 \neq -1$, $f_3 \neq 0$ und für $e = 1$, $f_2 \neq 1$, $f_3 \neq 3$;
$r = 0$ für $e = 0$, $f_2 \neq -1$, $f_3 = 0$ und für $e = 1$, $f_2 \neq 1$, $f_3 = 3$;
$r = -1$ für $e = 0$, $f_2 = -1$, $f_3 \neq 0$ und für $e = 1$, $f_2 = 1$, $f_3 \neq 3$;
$r = -2$ für $e = 0$, $f_2 = -1$, $f_3 = 0$ und für $e = 1$, $f_2 = 1$, $f_3 = 3$.

Dieser Hauptsatz unserer Theorie gestattet in bequemster Weise numerische Rechnungen, auch für große Werte von s. Als erste allgemeine Anwendung aber beweisen wir zunächst, daß die Funktion $f(s)$ nicht für $s \geqq 14$ monoton wächst, obwohl doch das monotone Wachsen dieser Funktion sowohl auf Grund ihrer ursprünglichen Definition als Anzahl der Normalquadrate mit der zugehörigen Summe s als auch auf Grund einer Betrachtung der Anfangswerte als sehr wahrscheinlich erscheint. In der Tat ergibt sich eine Widerlegung dieser Annahme erst für einen „mittleren" Wert von s, indem $f(36) = f(37) = 360$ ist, und es gelten sogar für jedes ganzzahlige $k \geqq 5$ die Ungleichungen $f(12k - 1) < f(12k + 1) < f(12k) < f(12k + 2)$. Abgesehen von diesen Ausnahmen aber ist für $s \geqq 14$ stets $f(s) < f(s + 1)$. Ferner gestattet die gefundene Darstellung der Funktion $f(s)$ auch die summatorischen Funktionen in derselben Weise darzustellen. Bezeichnet nämlich $F_0(s)$ die Anzahl der Normalquadrate, deren zugehörige Summe eine gerade Zahl $\leqq s$ ist, und bezeichnet $\varphi(s)$ den Überschuß der Anzahl der Normalquadrate, deren zugehörige Summe eine ungerade Zahl $\leqq s$ ist, über die Anzahl der Normalquadrate, deren zugehörige Summe eine gerade Zahl $\leqq s$ ist, so erhält man für jedes $s \geqq 12$ die Formel

$$F_0(s) = \frac{t}{12}(t+1)\left(\frac{t}{2}(t+1) - 7\right) + \frac{t^2}{9}$$
$$+ \frac{t}{3}\left(\frac{13}{35} + \frac{f_1}{3} + f_1^2\right) - \frac{2}{9} f_1^2 + \frac{2f_2}{5} + \frac{f_3}{7} + \varrho_0,$$

und man erhält für jedes ungerade $s \geqq 13$ die Formel

$$\varphi(s) = \frac{3t^2}{8} + \frac{t}{3}\left(2 - \frac{3f}{4} - f_1(1 + f_1)\right) + \left(\frac{7f}{8} + \frac{g}{2} + \frac{f_1(2 + f_1)}{3}\right) - \sigma_1,$$

wo jeder der beiden „Reste" ϱ_0 und σ_1 nur einen der Werte 0, 1, 2, 3 annehmen kann; dieser Wert aber hängt nur von f_2 und f_3 ab, d. h. nur von der Restklasse, in der die durch $s = 2 \cdot (t + 5) + e$ bestimmte Zahl t nach dem Modul 35 liegt. Hierdurch ist natürlich auch die Funktion $F(s)$ bestimmt, welche die Anzahl der Normalquadrate bezeichnet, deren zugehörige Summe $\leqq s$ ist; ist nämlich

$s \geqq 13$ ungerade, so ergibt sich $F(s)$ aus der Formel $F(s) = 2F_0(s) + \varphi(s)$, und ist $s \geqq 14$ gerade, so ergibt sich $F(s)$ aus der Formel $F(s) = F(s+1) - f(s+1)$, da dann $s+1$ ungerade ist. Ich bemerke noch, daß die höchsten Glieder der drei Funktionen $F_0(s)$, $f(s)$ und $\varphi(s)$, durch die ihre Größenordnung für sehr großes s bzw. t bestimmt wird, der Reihe nach $t^4/24$, $t^3/6$, $3t^2/8$ sind, so daß das höchste Glied von $F(s)$ natürlich $t^4/12$ ist; die Anfangswerte der beiden Funktionen $F_0(s)$ und $\varphi(s)$ aber sind $F_0(12) = F_0(14) = 0$, $F_0(16) = 2$, $F_0(18) = 9$, $F_0(20) = 25$, $F_0(22) = 55$, $F_0(24) = 108, \ldots$ und $\varphi(13) = 0$, $\varphi(15) = 1$, $\varphi(17) = 3$, $\varphi(19) = 6$, $\varphi(21) = 11$, $\varphi(23) = 15$, $\varphi(25) = 17, \ldots$ Auf die naheliegende Verbindung dieser Ergebnisse mit Abschätzungen verzichte ich, da sie nicht im Rahmen dieser Untersuchungen liegen würde. Ich bemerke nur, daß sich aus der Darstellung von $f(s)$ in der Schreibweise der analytischen Zahlentheorie ohne weiteres die Abschätzungsformel $f(s) = V + O(s)$ ergibt, wo $V = t^3/6$ das Volumen des zugehörigen Tetraeders ist; es gilt also für eine gewisse positive Konstante c und alle s von einer gewissen Stelle an die Abschätzung $|f(s) - V| \leqq cs$.

Unter einem linearen Gitterpunktproblem verstehe ich allgemein ein System $\varphi_i \geqq 0$, $\psi_j \neq 0$, wo die φ_i und ψ_j lineare Funktionen von n Variablen $x_1, \ldots, x_n$ sind, deren ganzzahlige Koeffizienten aber noch von einem ganzzahligen Parameter s abhängen; gesucht wird die Anzahl der ganzzahligen Lösungen $x_1, \ldots, x_n$ dieses Systems als Funktion von s, falls diese Anzahl überhaupt endlich ist. Natürlich kann man auf eine derartig allgemeine Problemstellung hin kaum eine allgemeine Lösungsmethode angeben, die wirklich Inhalt hat. Es handelt sich aber bei derartigen Aufgaben im wesentlichen darum, eine Zersplitterung der Untersuchung in eine immer wachsende Anzahl von Einzelfällen zu vermeiden, je nach der Restklasse oder dem Restklassenkomplex, in dem der Parameter s nach dem Modul des Problems liegt; es handelt sich also darum, mit Formeln zu rechnen, die allgemein, d. h. für alle Restklassen gelten. In dieser Hinsicht hat die angewandte Methode allgemeine Tragweite, die unter anderem darin besteht, mit den

Restklassenrepräsentanten ähnlich wie mit den Wurzeln algebraischer Gleichungen zu rechnen und gelegentlich auch Abbildungsgedanken der affinen Geometrie zu verwerten. Diese Methode aber geht mit hinreichender Deutlichkeit aus der bis zu den Endformeln durchgeführten Behandlung eines einzelnen Beispiels hervor, das immerhin kompliziert ist und doch gestattet, mit „endlicher" Mühe zu expliziten allgemeinen Anzahlformeln zu gelangen[1]).

§ 1. Der grundlegende Satz

Liegt irgendein semimagisches Quadrat von 9 Elementen vor, so addieren wir zunächst zu jedem Element der Matrix eine ganze Zahl a, so daß das kleinste Element dadurch den Wert 1 erhält; hierdurch ist a eindeutig bestimmt. Hiernach ordnen wir die Zeilen und Spalten so, daß einerseits x_1 dieses kleinste Element ist und anderseits $y_1 < z_1$, sowie $x_2 < x_3$ wird; hierdurch ist die Reihenfolge der Zeilen und Spalten eindeutig bestimmt. Schließlich schreiben wir noch, wenn dies notwendig ist, die Zeilen als Spalten; hierdurch wird erreicht, daß zu diesen Eigenschaften noch $z_1 < x_3$ hinzutritt. Wir behaupten nunmehr, daß in der hierdurch eindeutig bestimmten Matrix x_3 das größte und z_1 das zweitgrößte Element ist und haben hierzu nur noch das Folgende zu beweisen: Setzt man voraus, daß jede Zeilensumme und Spaltensumme den Wert s hat, daß $x_1 = 1$ ist und die Ungleichungen $y_1 < z_1 < x_3$, $y_3 > 1$, $z_3 > 1$ gelten, so ist z_1 größer als jede der 5 Zahlen x_2, y_2, z_2, y_3, z_3.

1. $y_2 = s - y_1 - y_3 \leqq s - y_1 - 2 = z_1 - 1.$
2. $x_2 = s - x_3 - 1 \leqq s - (y_1 + 2) - 1 = s - y_1 - 3 = z_1 - 2.$
3. $y_3 = s - x_3 - z_3 \leqq s - x_3 - 2 = x_2 - 1 \leqq z_1 - 3.$

Ferner hat man $z_1 = s - y_1 - 1 \geqq s - (z_1 - 1) - 1 = s - z_1$, also $z_1 \geqq s/2$, $x_3 \geqq z_1 + 1 \geqq s/2 + 1$; hieraus folgt:

4. $z_2 = s - z_1 - z_3 \leqq s - s/2 - 2 = s/2 - 2 \leqq z_1 - 2.$
5. $z_3 = s - x_3 - y_3 \leqq s - (s/2 + 1) - 2 = s/2 - 3 \leqq z_1 - 3.$

[1] Während des Druckes sind die Problemstellungen dieser Arbeit in zwei Leipziger Dissertationen (1951) von Herrn Reissig und Frau Wolff weitergeführt worden.

Hiermit ist bewiesen, daß in jedem semimagischen Quadrat von 9 Elementen von den beiden Reihen, die durch das kleinste Element gehen, die eine das größte und die andere das zweitgrößte Element enthält. Multipliziert man sämtliche Elemente mit -1, so bleibt das Quadrat semimagisch, und es folgt, daß in jedem semimagischen Quadrat von den beiden Reihen, die durch das größte Element gehen, die eine das kleinste und die andere das zweitkleinste Element enthält. Unter den gemachten speziellen Annahmen folgt also noch, daß das zweitkleinste Element entweder z_3 oder y_3 ist, so daß alle von einem Normalquadrat verlangten Eigenschaften erfüllt sind.

Wir beweisen nunmehr über Normalquadrate den folgenden grundlegenden Satz:

Man bestimme die ganzen Zahlen s, x_3, z_1 entsprechend den Ungleichungen:

$$\text{(1a)} \quad s \geqq 15; \frac{s}{2} + 1 \leqq x_3 \leqq s - 5, \frac{s}{2} \leqq z_1 \leqq s - 7; \; z_1 \leqq x_3 - 1,$$

und bestimme sodann die ganze Zahl z_3 im Intervall

$$\text{(1b)} \qquad 2 \leqq z_3 \leqq s - x_3 - 2,$$

doch so, daß sie von den folgenden 7 Zahlen verschieden ist:

$$\text{(2)} \quad (x_3 - z_1) + 1; \; 2(s - x_3 - 1) - z_1, \; 2(s - z_1 - 1) - x_3;$$
$$\frac{1}{2}(s - x_3), \; \frac{1}{2}(s - z_1); \; s - x_3 - \frac{1}{2}(z_1 + 1), \; s - z_1 - \frac{1}{2}(x_3 + 1).$$

Die übrigen 6 Elemente der Matrix werden durch die Gleichungen bestimmt:

$$\text{(3)} \quad x_1 = 1; \; x_2 = s - x_3 - 1, \; y_1 = s - z_1 - 1; \; y_3 = s - x_3 - z_3;$$
$$z_2 = s - z_1 - z_3; \; y_2 = x_3 + z_1 + z_3 - s + 1.$$

Dann ist die Matrix ein Normalquadrat, und umgekehrt sind in jedem Normalquadrat die angegebenen Eigenschaften erfüllt. Ferner darf man keine der Ungleichungen (1) verschärfen, weil man sonst nicht alle Normalquadrate erhalten würde, und man darf in der Zeile (2) keine Zahl weglassen, weil sonst die erhaltene Matrix nicht notwendig ein Normalquadrat wäre. Selbstverständlich brauchen die sieben Zahlen der Zeile (2) nicht sämtlich verschieden zu sein, sie brauchen nicht sämtlich dem Intervall (1b) anzugehören, und die letzten 4 dieser Zahlen brauchen nicht ganzzahlig zu sein.

Indem wir zum Beweis des aufgestellten Satzes übergehen, stellen wir zunächst fest, daß unter der Voraussetzung $x_1 = 1$ das System der in (3) auf diese Gleichung folgenden 5 Gleichungen äquivalent ist mit der Aussage, daß in der Matrix jede Zeilensumme und jede Spaltensumme den Wert s hat. Ferner ist die Aussage, daß z_3 von den 7 Zahlen (2) verschieden ist, auf Grund der Gleichungen (3) äquivalent mit der Aussage, daß der Reihe nach die folgenden 7 Verschiedenheiten bestehen:

$$(4) \quad x_2 \neq z_2;\ y_2 \neq x_2,\ y_2 \neq y_1;\ z_3 \neq y_3,\ z_3 \neq z_2;\ y_2 \neq y_3,\ y_2 \neq z_2.$$

Wenn wir zeigen wollen, daß jedes Normalquadrat die angegebenen Eigenschaften besitzt, so ist also nur noch zu beweisen, daß für jedes Normalquadrat die Ungleichungen (1) gelten.

Da einerseits in jedem semimagischen Quadrat die Summe aller 9 Elemente $= 3\,s$ ist und anderseits die Summe aller ganzen Zahlen von 1 bis 9 den Wert 45 hat, so ist für jedes semimagische Quadrat mit dem kleinsten Element 1 die zugehörige Summe $s \geqq 15$. Da ferner in jedem Normalquadrat die Ungleichungen $y_1 < z_1 < x_3$, $y_3 > 1$, $z_3 > 1$ gelten, so hat man einerseits $2 \leqq z_3 = s - x_3 - y_3 \leqq s - x_3 - 2$, also (1b) und $z_1 \leqq x_3 - 1$; anderseits hat man $z_1 \geqq s/2$ und $x_3 \geqq s/2 + 1$, wie schon oben gezeigt wurde. Aus (1b) aber folgt weiter $2 \leqq s - x_3 - 2$, $x_3 \leqq s - 4$; wäre nun $x_3 = s - 4$ möglich, so wäre einerseits nach (1b) das Element $z_3 = 2$, anderseits wäre auch $y_3 = s - x_3 - z_3 = s - (s-4) - 2 = 2$, also $y_3 = z_3$, was bei einem semimagischen Quadrat nicht eintreten darf. Es ist daher $x_3 \leqq s - 5$, $z_1 \leqq x_3 - 1 \leqq s - 6$. Wäre nun $z_1 = s - 6$ möglich, so wäre zugleich $x_3 = s - 5$, also $x_2 = s - x_3 - 1 = 4$ und $y_3 + z_3 = s - x_3 = 5$, also

$$z_3 = \begin{cases} 2 \\ 3 \end{cases},\ z_2 = s - z_1 - z_3 = s - (s-6) - \begin{cases} 2 \\ 3 \end{cases} = \begin{cases} 4 \\ 3 \end{cases} = \begin{cases} x_2 \\ z_3 \end{cases}$$

Da beides bei einem semimagischen Quadrat nicht eintreten darf, bleibt nur $z_1 \leqq s - 7$ übrig, womit sämtliche Ungleichungen (1) bewiesen sind.

Wir beweisen nunmehr, daß eine Matrix, die den sämtlichen Bedingungen des aufgestellten Satzes genügt, ein Normalquadrat ist und zeigen zunächst, daß $x_1 = 1$ das kleinste der 9 Elemente ist. Wir erhalten zunächst $x_3 \geqq s/2 + 1$, also $x_3 \geqq 9$ und $z_1 \geqq s/2$, also $z_1 \geqq 8$; ferner $y_1 = s - z_1 - 1 \geqq s - (s - 7) - 1 = 6$. Weiter ist $y_2 \geqq 5$; wir erhalten nämlich $y_2 = x_3 + z_1 + z_3 - s + 1 \geqq (s/2 + 1) + s/2 + 2 - s + 1 = 4$, und der Wert $y_2 = 4$ ist nicht möglich, weil in diesem Falle $x_3 = s/2 + 1$, $z_1 = s/2$, $z_3 = 2 = (x_3 - z_1) + 1$ wäre. Ferner ist $x_2 = s - x_3 - 1 \geqq s - (s - 5) - 1 = 4$ und $z_2 = s - z_1 - z_3 \geqq s - z_1 - (s - x_3 - 2) = (x_3 - z_1) + 2 \geqq 3$. Schließlich erhält man: $y_3 = s - x_3 - z_3 \geqq s - x_3 - (s - x_3 - 2) = 2$, wozu noch $z_3 \geqq 2$ hinzukommt, so daß in der Tat $x_1 = 1$ das kleinste der 9 Elemente ist. Ferner ist $z_1 - y_1 = z_1 - (s - z_1 - 1) = 2z_1 - s + 1 \geqq 1$, so daß man die Ungleichungen $y_1 < z_1 < x_3$, $y_3 > 1$, $z_3 > 1$ hat und wie oben schließen kann, daß x_3 das größte und z_1 das zweitgrößte Element ist.

Es bleibt nur noch übrig zu beweisen, daß die Elemente der Matrix 9 verschiedene ganze Zahlen sind. Von den 36 Verschiedenheiten, die das ausdrücken, sind aber 8 erfüllt, weil x_1 das kleinste Element ist, 7 weitere, weil x_3 das größte Element ist, und 6 weitere, weil z_1 das zweitgrößte Element ist; da ferner nach Voraussetzung die 7 Verschiedenheiten der Zeile (4) gelten, so bleibt nur noch der Beweis von 8 Verschiedenheiten übrig, die wir in der folgenden zu Ungleichungen verschärften Form auf Grund von (3) und (1) beweisen:

1. $y_1 - x_2 = z_2 - y_3 = x_3 - z_1 \geqq 1$,
2. $x_2 - y_3 = y_1 - z_2 = z_3 - 1 \geqq 1$,
3. $x_2 - z_3 = (s - x_3) - z_3 - 1 \geqq (s - x_3) - (s - x_3 - 2) - 1 = 1$,
4. $y_1 - z_3 = s - z_1 - z_3 - 1 \geqq s - (x_3 - 1) - (s - x_3 - 2) - 1 = 2$,
5. $y_2 - z_3 = x_3 + z_1 - s + 1 \geqq (s/2 + 1) + s/2 - s + 1 = 2$ bei geradem s, und bei ungeradem s sogar $y_2 - z_3 \geqq 3$,

6. $y_1 - y_3 = (x_3 - z_1) + z_3 - 1 \geqq 1 + 2 - 1 = 2$; übrigens ist sogar $y_1 - y_3 \geqq 3$, da im Falle $y_1 - y_3 = 2$ sich $x_3 - z_1 = 1$, $z_3 = 2 = (x_3 - z_1) + 1$ ergeben würde. Damit ist bewiesen, daß die Elemente der Matrix sämtlich verschieden sind; nimmt man alles zusammen, erhält man, daß die Matrix ein Normalquadrat bildet, womit der aufgestellte Satz in seinen beiden Hauptteilen bewiesen ist.

Wir zeigen nunmehr an Beispielen, daß sich die Ungleichungen (1) nicht verschärfen lassen und brauchen dazu nur die folgenden drei Normalquadrate zu betrachten:

1	5	9
6	7	2
8	3	4

1	4	11
6	7	3
9	5	2

1	8	11
9	5	6
10	7	3

Bei dem ersten ist $s = 15$, $z_1 = 8 = s - 7 = x_3 - 1$, $z_3 = 4 = s - x_3 - 2$; bei dem zweiten ist $x_3 = 11 = s - 5$, $z_1 = 9 = s - 7$, $z_3 = 2$ und bei dem dritten $x_3 = 11 = s/2 + 1$, $z_1 = 10 = s/2 = x_3 - 1$. Die beiden Normalquadrate

1	6	12
7	8	4
11	5	3

1	6	12
7	10	2
11	3	5

zeigen ferner, daß für $s = 19$, $x_3 = 12$, $z_1 = 11 = x_3 - 1$ die hier zulässigen Werte $z_3 = 3$ und $z_3 = 5 = s - x_3 - 2$ nicht aufeinanderfolgen, da die Werte $z_3 = 2 = (x_3 - z_1) + 1 = 2(s - z_1 - 1) - x_3$ und $z_3 = 4 = {}^1/_2\,(s - z_1)$ auszuschließen sind.

Zum Schluß führen wir noch 7 Beispiele an, bei denen die 4 Zahlen s, x_3, z_1, z_3 den Ungleichungen (1) genügen, während z_3 einer und nur einer der 7 Zahlen (2) gleich ist, so daß in der dadurch bestimmten Matrix zwei gewisse Elemente, die man aus der Zeile (4) entnehmen kann, einander gleich sind, während sonst Gleichungen zwischen den 9 Elementen nicht bestehen können.

1. $s = 15,\ x_3 = 10,\ z_1 = 8,\ z_3 = 3 = (x_3 - z_1) + 1;\ x_2 = z_2 = 4.$
2. $s = 16,\ x_3 = 10,\ z_1 = 8,\ z_3 = 2 = 2(s - x_3 - 1) - z_1;$
   $x_2 = y_2 = 5.$
3. $s = 15,\ x_3 = 10,\ z_1 = 8,\ z_3 = 2 = 2(s - z_1 - 1) - x_3;$
   $y_1 = y_2 = 6.$
4. $s = 16,\ x_3 = 10,\ z_1 = 9,\ z_3 = 3 = \tfrac{1}{2}(s - x_3);\ y_3 = z_3 = 3.$
5. $s = 17,\ x_3 = 11,\ z_1 = 9,\ z_3 = 4 = \tfrac{1}{2}(s - z_1);\ z_2 = z_3 = 4.$
6. $s = 18,\ x_3 = 10,\ z_1 = 9,\ z_3 = 3 = s - x_3 - \tfrac{1}{2}(z_1 + 1);$
   $y_2 = y_3 = 5.$
7. $s = 16,\ x_3 = 9,\ z_1 = 8,\ z_3 = 3 = s - z_1 - \tfrac{1}{2}(x_3 + 1);$
   $y_2 = z_2 = 5.$

Aus diesen Beispielen folgt, daß man in (2) keine der 7 Zahlen weglassen darf, so daß damit der aufgestellte Satz in allen seinen Teilen bewiesen ist.

Dieser Satz gestattet nun, alle Normalquadrate, geordnet nach wachsenden Werten von $s \geqq 15$, zu bilden. Bei gleichem s ordnet man natürlich nach aufsteigenden Werten von x_3, und bei gleichem s und x_3 nach aufsteigenden Werten von z_1; hat man aber ein System s, x_3, z_1, das den Ungleichungen (1a) genügt, so braucht man nur die voneinander verschiedenen ganzzahligen Werte aus der Reihe der 7 Zahlen (2) aufzuschreiben, die im Intervall (1b) liegen, um mit den übrigbleibenden ganzen Zahlen dieses Intervalles, wachsend geordnet, die zulässigen Werte von z_3 zu erhalten. Auf diese Weise findet man auch ohne Mühe die in der Einleitung angegebenen Anfangswerte der Funktion $f(s)$, welche die Anzahl der Normalquadrate mit der Summe s liefert.

§ 2. Das Diagonalenproblem

Wir behandeln in diesem Paragraphen das Problem der magischen Quadrate und zeigen zunächst, daß von den 6 Diagonalen eines jeden semimagischen Quadrats die beiden Diagonalen, die das kleinste Element gemeinsam haben, stets eine Summe $< s$ liefern, während die beiden Diagonalen, die das größte Element gemeinsam haben, stets eine Summe $> s$ liefern. Da man annehmen darf, daß die betrachtete Matrix ein Normalquadrat ist, wie sich aus den Ausführungen der Einleitung ergibt, erhält man aus den Gleichungen (3) und den Ungleichungen (1) die folgenden 4 Abschätzungen, mit denen diese Behauptungen sogar reichlich bewiesen sind:

$$x_1 + y_2 + z_3 = 2\,(x_3 + z_3) - (x_3 - z_1) - s + 2 \leqq 2\,(s-2) - 1 - s + 2 = s - 3,$$

$$x_1 + y_3 + z_2 = 2\,s - (x_3 + z_1) - 2\,z_3 + 1 \leqq 2\,s - (s+1) - 4 + 1 = s - 4,$$

$$x_3 + y_1 + z_2 = 2\,s + 2\,(x_3 - z_1) - (x_3 + z_3) - 1 \geqq 2\,s + 2 - (s-2) - 1 = s + 3,$$

$$x_3 + y_2 + z_1 = 2\,(x_3 + z_1) + z_3 - s + 1 \geqq 2\,(s+1) + 2 - s + 1 = s + 5.$$

Ferner liefert das System $x_2 + y_1 + z_3 = x_2 + y_3 + z_1 = s$ infolge der Gleichungen (3) die Auflösung

$$x_3 = \frac{2\,s}{3} - 1, \quad z_3 = z_1 - \frac{s}{3} + 1, \tag{5}$$

so daß in jedem magischen Quadrat von 9 Elementen die zugehörige Summe s durch 3 teilbar ist, und dies gilt auch dann, wenn das kleinste Element nicht den Wert 1 hat. Natürlich müssen die Gleichungen (5) für diesen allgemeineren Fall in der Gestalt

$$x_3 = \frac{2\,s}{3} - x_1, \quad z_3 = z_1 - \frac{s}{3} + x_1 \tag{5a}$$

geschrieben werden, wo x_1 das kleinste Element, x_3 das größte, z_1 das zweitgrößte und z_3 dasjenige Element ist, das in den beiden durch x_3 und z_1 gehenden Reihen steht, die nicht x_1 enthalten; in dieser Gestalt bleiben die beiden Gleichungen nämlich invariant, wenn zu jedem Element die beliebige Zahl a und gleichzeitig zur Summe s die Zahl $3\,a$ addiert wird. Aus der ersten Gleichung (5a) folgt dann noch, daß in jedem magischen Quadrat das „mittlere" Element $x_2 = s/3$ ist, also gleich dem arithmatischen Mittel aller 9 Elemente.

Kehren wir nunmehr zu den Normalquadraten zurück, in denen s durch 3 teilbar ist und die beiden Gleichungen (5) gelten, so können die sämtlichen Ungleichungen (1) abgesehen von $s \geqq 15$ durch die eine Intervallbedingung

(1c) $$\frac{s}{2} \leqq z_1 \leqq \frac{2s}{3} - 2$$

ersetzt werden. Denn es folgt einerseits aus (1a) wegen des in (5) vorgeschriebenen Wertes von x_3 die Ungleichung (1c); anderseits ergeben sich für $s \geqq 15$ aus (5) und (1c) die Ungleichungen

$$x_3 = \frac{2s}{3} - 1 \geqq z_1 + 1 \geqq \frac{s}{2} + 1, \quad x_3 = \frac{2s}{3} - 1 \leqq s - 6;$$

$$\frac{s}{2} < \frac{2s}{3} - 2 \leqq s - 7, \quad z_3 = z_1 - \frac{s}{3} + 1 \geqq \frac{s}{6} + 1 \geqq \frac{7}{2},$$

$$x_3 + z_3 = z_1 + \frac{s}{3} \leqq s - 2,$$

so daß alle Ungleichungen (1) erfüllt sind. Die 7 Verschiedenheiten der Zeile (2) aber reduzieren sich zunächst wegen (5) darauf, daß z_3 von den 5 Zahlen

$$\frac{2s}{3} - z_1, \frac{4s}{3} - 1 - 2z_1, \frac{s}{6} + \frac{1}{2}, \frac{s}{2} - \frac{z_1}{2}, \frac{s}{3} + \frac{1}{2} - \frac{z_1}{2}$$

verschieden sein muß, da die erste Zahl in der Zeile (2) dreimal vorkommt; da ferner wegen (5) und $z_1 \geqq s/2$ die Abschätzungen

$$z_3 - \frac{2s}{3} + z_1 = 2z_1 + 1 - s \geqq 1, \quad z_3 - \frac{s}{6} - \frac{1}{2} = z_1 - \frac{s}{2} + \frac{1}{2} \geqq \frac{1}{2},$$

$$z_3 - \frac{s}{3} - \frac{1}{2} + \frac{z_1}{2} = \frac{1}{2}\left(3z_1 - \frac{4s}{3} + 1\right) \geqq \frac{1}{2}\left(\frac{s}{6} + 1\right) \geqq \frac{7}{4}$$

gelten und schließlich

$$z_3 - \frac{4s}{3} + 1 + 2z_1 = 3\left(z_1 - \frac{5s-6}{9}\right), \quad z_3 - \frac{s}{2} + \frac{z_1}{2} = \frac{3}{2}\left(z_1 - \frac{5s-6}{9}\right)$$

ist, so reduzieren sich die 7 Verschiedenheiten der Zeile (2) auf die eine Bedingung

(2a) $$z_1 \neq \frac{5s-6}{9},$$

wo in der Tat für $s \geqq 15$ stets $\frac{s}{2} < \frac{5s-6}{9} < \frac{2s}{3} - 2$ ist. Betrachtet man daher für ein festes, durch 3 teilbares $s \geqq 15$ die ganzen

Zahlen des Intervalles (1c), mit einziger Ausnahme des in (2a) angegebenen Wertes, falls dieser eine ganze Zahl ist, so wird jedem solchen Wert von z_1 durch die Gleichungen (5) und (3) ein Normalquadrat zugeordnet, in dem auch die beiden Diagonalen mit dem mittleren Element x_2 die Summe s liefern, und man erhält auf diese Weise für wachsendes s alle Normalquadrate mit dieser Eigenschaft und jedes nur einmal. Vertauscht man in jedem dieser Normalquadrate die beiden ersten Zeilen, so gehen die beiden Diagonalen mit der Summe s in die Hauptdiagonalen über; man erhält daher auf diese Weise alle wesentlich verschiedenen magischen Quadrate mit dem kleinsten Element 1 und jedes nur einmal, wie in der Einleitung behauptet wurde.

Man erhält aber zugleich auch eine explizite Darstellung für die Funktion $g(s)$, welche die Anzahl der Normalquadrate mit der betrachteten Diagonaleneigenschaft und mit der zugehörigen Summe s oder auch die Anzahl der wesentlich verschiedenen magischen Quadrate mit dem kleinsten Element 1 und der zugehörigen Summe s liefert. Das Intervall (1c) enthält nämlich $s/6 - 1$ ganze Zahlen, falls $s \geqq 12$ durch 6 teilbar ist, und $s/6 - 3/2$ ganze Zahlen, falls $s \geqq 15$ durch 3, aber nicht durch 2 teilbar ist, und es zerfällt die Restklasse $s \equiv 3\ (9)$, für deren Zahlen der in (2a) auftretende Wert ganzzahlig ist, in die beiden Restklassen $s \equiv -6\ (18)$ mit geradem s und $s \equiv 3\ (18)$ mit ungeraden Zahlen s. Hieraus aber folgt schon die in der Einleitung gegebene Darstellung der Funktion $g(s)$, und es ergeben sich auch die dort angeführten Anfangswerte für $s \geqq 12$.

Um schließlich auch noch die aufgestellte Behauptung bezüglich der summatorischen Funktion $G(S)$ zu beweisen, stützen wir uns auf die Formel

$$(6) \qquad \sum_{n=n_1}^{n_2} (an + b) = \frac{1}{2}(an_2 + an_1 + 2b)(n_2 - n_1 + 1),$$

die für ganze Zahlen n_1 und n_2 und $n_2 \geqq n_1$ gilt, aber auch für $n_2 = n_1 - 1$, falls dann der Summe der Wert 0 beigelegt wird. Setzt man $S = 18k + 3$ für beliebiges ganzzahliges $k \geqq 1$ und versteht unter $G_1(S)$ die Anzahl der Normalquadrate mit der betrachteten Diagonaleneigenschaft, deren zugehörige Summe eine gerade Zahl $s \leqq S$ ist, so darf man $s = 6t$ setzen und erhält auch für $k = 1$:

$$G_1(S) = g(18) + \sum_{t=4}^{3k} g(6t) = 2 + \sum_{t=4}^{3k} t - 4(k-1)$$

$$= 6 - 4k + \frac{1}{2}(3k+4)(3k-3) = \frac{k}{2}\cdot(9k-5),$$

da bei der Summation der Parameter $s = 6t$ in jeder der 3 Restklassen nach dem Modul 18, deren Zahlen durch 6 teilbar sind, $k-1$ mal auftritt und $1 + 2 + 1 = 4$ ist. Bezieht sich ferner die Anzahl $G_2(S)$ auf die ungeraden Zahlen $s \leqq S$, so darf man $s = 6t + 9$ setzen und erhält auch für $k = 1$:

$$G_2(S) = g(15) + g(21) + \sum_{t=3}^{3k-1} g(6t+9) = 2 + \sum_{t=3}^{3k-1} t - (k-1)$$

$$= 3 - k + \frac{1}{2}(3k+2)(3k-3) = \frac{k}{2}(9k-5),$$

da bei der Summation der Parameter $s = 6t + 9$ in jeder der 3 Restklassen $s \equiv 9$, $s \equiv -3$, $s \equiv 3$ nach dem Modul 18 wiederum $k-1$ mal auftritt und $0 + 0 + 1 = 1$ ist. Mit den beiden Formeln

$$G(S) = G_1(S) + G_2(S) = k(9k-5), \quad G_1(S) = G_2(S)$$

ist aber auch der letzte Satz der Einleitung über magische Quadrate bewiesen.

§ 3. Das Gitterpunktproblem

Für die folgende Anwendung des grundlegenden Satzes in § 1 ist es zweckmäßig, die dort aufgestellten Ungleichungen (1a) in die Gestalt

$$(7) \qquad s \geqq 12, \frac{s}{2} + 1 \leqq x_3 \leqq s - 4, \frac{s}{2} \leqq z_1 \leqq x_3 - 1$$

abzuschwächen; man hat dann zu beweisen, daß eine Matrix, deren Elemente den Ungleichungen (7) und (1b), den 7 Verschiedenheiten der Zeile (2) und den Gleichungen (3) genügen, ein Normalquadrat ist. Bei dem in § 1 geführten Beweis verschlechtern sich jetzt aber nur einige Abschätzungen der Elemente nach unten; doch bleibt das Ergebnis, daß $x_1 = 1$ das kleinste Element der Matrix ist, unverändert ebenso wie alle weiteren Schlüsse, so daß der grundlegende Satz trotz der Abschwächung der Ungleichungen (1a) in seinen beiden Hauptteilen richtig bleibt. Wir setzen ferner $s = 2(t+5) + e$, wo bei geradem s die Zahl $e = 0$ und bei ungeradem s die Zahl $e = 1$ ist, sowie

$$x_3 = t + 6 + e + x, \quad z_1 = t + 5 + e + y, \quad z_3 = 2 + z;$$

berücksichtigt man, daß man bei ungeradem s in den Ungleichungen (7) den Bruch $s/2$ durch die ganze Zahl $(s+1)/2$ ersetzen darf, so gehen die Ungleichungen (7) und (1b) in die Gestalt

$$t \geqq 1; \quad 0 \leqq x \leqq t, \quad 0 \leqq y \leqq x; \quad 0 \leqq z \leqq t - x$$

über, so daß der Gitterpunkt (x, y, z) im Innern oder auf dem Rande des Tetraeders $y \geqq 0$, $z \geqq 0$, $y \leqq x$, $x + z \leqq t$ liegt. Schließlich gehen die 7 Verschiedenheiten der Zeile (2), wenn man diese durch Gleichungen ersetzt, in zweckmäßig veränderter Reihenfolge in die in der Einleitung angegebenen Gleichungen der 7 kritischen Ebenen über, und der Satz des § 1 geht in seine geometrische Fassung über, daß für $s \geqq 12$ die Anzahl $f(s)$ der Normalquadrate mit der zugehörigen Summe s gleich der Anzahl der Gitterpunkte ist, die im Innern oder auf dem Rande des Tetraeders, aber in keiner der kritischen Ebenen liegen; die Bestimmung der Funktion $f(s)$ ist damit auf ein lineares Gitterpunktproblem zurückgeführt.

Zur geometrischen Orientierung bemerke ich zunächst, daß von den 4 Ebenen, die das Tetraeder begrenzen, 3 Ebenen von s unabhängig sind, ebenso wie die erste der kritischen Ebenen. Die vierte Begrenzungsebene $x + z = t$ des Tetraeders und die übrigen 6 kritischen Ebenen aber verschieben sich nur parallel, wenn $s \geqq 12$ zugleich mit $t \geqq 1$ wächst. Um die Lage der kritischen Ebenen gegenüber dem Tetraeder zu bestimmen, bezeichne ich die Ecken des Tetraeders in der Reihenfolge $(0, 0, 0)$, $(t, 0, 0)$, $(t, t, 0)$, $(0, 0, t)$ mit 0, 1, 2, 3, und mit ij bezeichne ich die Kante, welche die Ecken i und j verbindet; die 7 kritischen Ebenen aber bezeichne ich in der in der Einleitung gewählten Reihenfolge mit 1 bis 7. Um nun zunächst die ausgearteten Fälle festzustellen, bemerken wir, daß die Ebenen 5 und 6 für $e = 1$, $t = 1$ und die Ebene 7 für $t = 1$ sowie für $e = 1$, $t = 2$ mit dem Tetraeder keinen Punkt gemeinsam haben. Ferner haben die Ebene 4 für $e = 1$, $t = 1$, die Ebenen 5 und 6 für $e = 0$, $t = 1$ sowie für $e = 1$, $t = 2$ und die Ebene 7 für $e = 0$, $t = 2$ sowie für $e = 1$, $t = 3$ mit dem Tetraeder nur die Ecke 0 gemeinsam, während die Ebene 3 für $t = 1$ mit dem Tetraeder nur die Ecke 3 gemeinsam hat. In jedem anderen Fall schneiden die kritischen Ebenen das Tetraeder in einem nicht ausgearteten Dreieck, und zwar enthält die Ebene 1 die Kante 02 und den Mittelpunkt der Gegenkante, die Ebene 2 enthält die Kante 12 und den Mittelpunkt der Gegenkante, und die Ebene 4 enthält für $e = 0$ die Kante 13 und einen inneren Punkt der Gegenkante. Dagegen enthält die Ebene 3 einen inneren Punkt auf jeder von der Ecke 3 ausgehenden Kante, während die Ebene 4 für $e = 1$ und jede der Ebenen 5, 6, 7 einen inneren Punkt auf jeder von der Ecke 0 ausgehenden Kante enthält.

Wir verstehen nun unter einer kritischen Geraden $(i\,j)$ die Schnittgerade zweier kritischen Ebenen i und j, wenn diese Gerade wenigstens für irgendein $s \geqq 12$ wenigstens einen Punkt im Innern oder auf dem Rande des Tetraeders enthält. Dann erkennt man sofort, daß die folgenden 11 Schnittgeraden $(i\,j)$ nicht kritische Geraden sein können, weil die Subtraktion oder Addition der Gleichungen der beiden Ebenen i und j zu einer Gleichung führt, die offenbar für keinen Tetraederpunkt erfüllt ist: (23), (45) und (67) wegen $x - y = -1$, (27) und (36) wegen $x + y = -(2 + e)$, (46) und (57) wegen $z = -1$, (26) wegen $2y = -(1 + e)$, (37) wegen $2x = -(3 + e)$, (47) wegen $(x - y) + z = -2$ und schließlich (13) wegen $x + z = t + 1$. Als kritische Gerade kommt also vor allem in Betracht die gemeinsame Schnittgerade der 3 kritischen Ebenen 1, 5, 6 mit der Darstellung $y + z = x = \frac{1}{3}(t - e - 1)$, die wir mit 0 bezeichnen; sonst aber kommen nur die 7 folgenden Schnittgeraden in Betracht

(8) (12), (14), (17); (24), (25); (34), (35),

und diese 8 Geraden sind wirklich kritische Geraden, wie sich im § 5 ergeben wird. Ferner kann ein gemeinsamer Punkt der drei kritischen Ebenen i, j, k nur dann dem Innern oder dem Rand des Tetraeders angehören, wenn die 3 Geraden (ij), (ik), (jk) kritisch sind, und dies trifft abgesehen von 1, 5, 6 nur für die beiden Kombinationen 1, 2, 4 und 1, 2, 5 zu, wie man aus (8) sieht. Da aber jeder gemeinsame Punkt der Ebenen 1, 2, 5 auch der nichtkritischen Geraden (26) angehören muß, ist abgesehen von den kritischen Punkten der kritischen Geraden 0 der Schnittpunkt der Ebenen 1, 2, 4, nämlich der Punkt

$$(9) \qquad x = \frac{1}{7}(3\,t - 2\,e),\ y = \frac{1}{7}(t - 3\,e),\ z = \frac{1}{7}(2\,t + e)$$

der einzige Punkt, der zugleich drei kritischen Ebenen und dem Tetraeder angehören kann; dieser Punkt liegt zwar für $e = 1$, $t = 1$ sowie $e = 1$, $t = 2$ außerhalb des Tetraeders, für $e = 1$, $t = 3$ aber auf dem Rande und sonst im Innern des Tetraeders. Schließlich ergibt sich noch, daß für jedes $s \geqq 12$ überhaupt kein Punkt im Innern oder auf dem Rande des Tetraeders 4 oder noch mehr kritischen Ebenen angehören kann; sonst müßte es nämlich mindestens 4 Kombinationen i, j, k mit der Eigenschaft geben, daß die 3 Geraden (ij), (ik), (jk) kritisch sind, während es doch wie bewiesen nur 3 solche Kombinationen geben kann.

Nach dieser geometrischen Betrachtung beweisen wir auf Grund der in der Einleitung gegebenen Definitionen der Anzahlen l, m, n die Formel

$$(10) \qquad f(s) = l - m + n.$$

Wenn nämlich ein Gitterpunkt, der im Innern oder auf dem Rande des Tetraeders liegt und den wir als Tetraedergitterpunkt bezeichnen, keiner kritischen Ebene angehört, so liefert er für die Anzahl l den Beitrag $+1$, für die beiden Anzahlen m und n aber keinen Beitrag und daher für die rechte Seite von (10) den Beitrag $+1$. Gehört ein Tetraedergitterpunkt aber genau einer kritischen Ebene an, so liefert er für l und m den Beitrag $+1$, für n aber keinen Beitrag und daher auch für die rechte Seite von (10). Gehört ein Tetraedergitterpunkt aber genau 2 kritischen Ebenen an, so liefert er für l den Beitrag $+1$, für m den Beitrag $+2$ und für n den Beitrag $+1$, also für die rechte Seite von (10) keinen Beitrag. Gehört ein Tetraedergitterpunkt schließlich genau 3 kritischen Ebenen an, so liefert er für l den Beitrag $+1$, für m den Beitrag $+3$ und für n den Beitrag $+2$, also wiederum für die rechte Seite von (10) keinen Beitrag. Da hiermit alle Möglichkeiten erschöpft sind, so stellt die rechte Seite von (10) die Anzahl der Tetraedergitterpunkte dar, die keiner kritischen Ebene angehören, und daher wie bewiesen die Anzahl $f(s)$.

Zum Abschluß dieses Paragraphen berechnen wir noch die Anzahl l der sämtlichen Tetraedergitterpunkte auf Grund der Formel

$$\sum_{n=0}^{n_0} n^2 = \frac{n_0}{6}(n_0+1)(2n_0+1) \tag{11}$$

für ganzzahliges $n_0 \geqq 0$. Da für $t \geqq 1$ bei ganzzahligem x im Intervall $0 \leqq x \leqq t$ die im Punkte $(x, 0, 0)$ auf der x-Achse senkrecht stehende Ebene das Tetraeder in einem Rechteck mit den Seitenlängen x und $t-x$ schneidet, so enthält diese Ebene $(x+1)(t-x+1)$ Tetraedergitterpunkte, und das gilt auch noch in den beiden ausgearteten Fällen $x=0$ und $x=t$. Es ist daher:

$$l = \sum_{x=0}^{t} (x+1)(t-x+1) = \sum_{x=0}^{t} (t+1+xt-x^2)$$

$$= (t+1)^2 + t\sum_{x=0}^{t} x - \sum_{x=0}^{t} x^2,$$

und aus (11) folgt:

$$l = (t+1)\left[t+1+\frac{t^2}{2}-\frac{t}{6}(2t+1)\right] = \frac{1}{6}(t+1)(t+2)(t+3),$$

während das Volumen des Tetraeders $= \frac{1}{6}\cdot t^3$ ist.

§ 4. Die kritischen Ebenen

Wir berechnen in diesem Paragraphen für jedes $i = 1, 2, 3, \ldots 7$ die Anzahl m_i der Tetraedergitterpunkte, die der kritischen Ebene i angehören. Um zunächst m_1 für die erste kritische Ebene $x = y + z$ zu berechnen, bemerken wir, daß aus $z \geqq 0$ schon $y = x - z \leqq x$ folgt, und daß die Bedingung $x + z = y + 2z \leqq t$ einerseits $y \leqq t - 2z$, anderseits wegen $y \geqq 0$ die Abschätzung $z \leqq t/2$ liefert, so daß man nur die Anzahl der Lösungen des Systems $0 \leqq z \leqq t/2$, $0 \leqq y \leqq t - 2z$ zu berechnen hat. Setzt man $t = 2u + f$, wo bei geradem t die Zahl $f = 0$ und bei ungeradem t die Zahl $f = 1$ ist, so daß stets $f^2 = f$ ist, so ergibt sich

$$m_1 = \sum_{z=0}^{u} (t - 2z + 1) = (t+1)(u+1) - 2 \sum_{z=0}^{u} z$$

$$= (u+1)(t+1-u) = \frac{1}{4}(t+2-f)(t+2+f) = \frac{1}{4}[(t+2)^2 - f].$$

Um ferner m_2 für die Ebene $x + 2z = t$ zu berechnen, bemerken wir, daß aus $z \geqq 0$ schon $x + z = t - z \leqq t$ folgt und daß die Bedingung $y \leqq x$ einerseits $y \leqq t - 2z$, anderseits wegen $y \geqq 0$ wiederum $z \leqq t/2$ liefert, so daß auch $m_2 =$ der Anzahl der Lösungen des Systems $0 \leqq z \leqq t/2$, $0 \leqq y \leqq t - 2z$ ist. Es ergibt sich daher $m_2 = m_1$; natürlich sind die Tetraedergitterpunkte selber im allgemeinen in beiden Ebenen verschieden, da man für jede Lösung y, z des Systems im ersten Falle $x = y + z$ und im zweiten Falle $x = t - 2z$ zu setzen hat.

Wir berechnen nunmehr m_3 für die Ebene $y + 2z = t + 1$. Wegen $y \geqq 0$ folgt zunächst $z \leqq {}^1/_2(t+1)$, was durch $z \leqq {}^1/_2(t+f) = u + f$ auch im Falle $f = 0$ ersetzt werden darf. Die Bedingungen $y \leqq x$, $x + z \leqq t$ liefern dann $t + 1 - 2z \leqq x \leqq t - z$, so daß x-Werte nur für $z \geqq 1$ existieren; es sind daher für jedes z im Intervall $1 \leqq z \leqq {}^1/_2(t+f)$ stets z verschiedene Werte für die Variable x möglich und da auch stets ${}^1/_2(t+f) = u + f \geqq 1$ ist, so ergibt sich

$$m_3 = \sum_{z=1}^{\frac{1}{2}(t+f)} z = \frac{1}{8}(t+f)(t+f+2) = \frac{1}{8}[t^2 + 2t(1+f) + 3f].$$

Die Ebene 4 hat die Gleichung $x + 2y + z = t - e$. Also folgt aus $y \geqq 0$, daß die Bedingung $x + z \leqq t - e \leqq t$ erfüllt ist, und aus $y \leqq x$ nebst $z \geqq 0$, daß x stets dem Intervall $y \leqq x \leqq t - e - 2y$ angehört, so daß bei festem y nur $t - e + 1 - 3y$ Werte für x zulässig sind; es ergibt sich daher

$$m_4 = \sum_y (t - e + 1 - 3y),$$

wobei aber nur über Werte $y \geqq 0$ summiert werden darf, für die auch $t - e + 1 - 3y \geqq 0$, das heißt $y \leqq {}^1/_3(t - e + 1)$ ist. Nun setzen wir $t = 3v + f_1$, wobei $|f_1| \leqq 1$ ist; dann folgt $y \leqq v + {}^1/_3(1 + f_1 - e)$, wo einerseits ${}^1/_3(1 + f_1 - e) \leqq 2/3$ und anderseits dieser Bruch nur dann negativ ist, wenn $e = 1$, $f_1 = -1$ ist. Summieren wir daher über die y im Intervall $0 \leqq y \leqq v$, so ist im Falle $e = 1$, $f_1 = -1$, $y = v$ das Glied $t - e + 1 - 3y = (3v - 1) - 1 + 1 - 3v = -1$, so daß also zur Korrektur das Glied ${}^1/_2 e f_1 (f_1 - 1)$ addiert werden muß, welches im Falle $e = 1$, $f_1 = -1$ den Wert 1 hat, für alle anderen zulässigen Wertkombinationen von e und f_1 aber verschwindet. Dann ergibt sich die stets gültige Formel:

$$\begin{aligned} m_4 &= \sum_{y=0}^{v} (t - e + 1 - 3y) + \frac{1}{2} e f_1 (f_1 - 1) \\ &= (v+1)\left(t - \frac{3v}{2} - e + 1\right) + \frac{1}{2} e f_1 (f_1 - 1) \\ &= \frac{1}{6}[(t - f_1 + 3)(t + f_1 - 2e + 2) + 3 e f_1 (f_1 - 1)] \\ &= \frac{1}{6}(t^2 + 5t - f_1^2 + f_1 + 6) - \frac{e}{6}(2t - 3f_1^2 + f_1 + 6). \end{aligned}$$

Wir betrachten jetzt die Ebene 5 mit der Gleichung $2x + y + z = t - e - 1$. Dann folgt wegen $x \geqq 0$, $y \geqq 0$, daß stets $x + z \leqq t - e - 1 < t$ ist, und die Bedingungen $y \leqq x$, $y \geqq 0$ liefern, daß z dem Intervall $t - e - 1 - 3x \leqq z \leqq t - e - 1 - 2x$ angehören muß, welches stets $x+1$ verschiedene z-Werte enthält. Nun aber ist für $x \geqq u$ stets $t-e-1-2x \leqq t-e-1-2u = -(1+e-f) \leqq 0$, und der Wert 0 ist nur für $e=0$, $f=1$ und $x=u$ möglich, so daß man für $x \geqq u$ wegen $z \geqq 0$ den einzigen Tetraedergitterpunkt $x = u = {}^1\!/_2(t-1)$, $y=0$, $z=0$ in der Ebene 5 erhält, wenn $e=0$ ist. Wir beschränken daher die x-Werte auf das Intervall $0 \leqq x \leqq u-1$ und berücksichtigen diesen Einzelfall dadurch, daß wir in die Formel für m_5 das Glied $(1-e)f$ aufnehmen; denn diese Funktion hat für $e=0$, $f=1$ den Wert 1 und verschwindet für alle anderen Wertkombinationen des Systems e, f, und dies gilt auch für jeden Anfangswert von s. Für jedes x im Intervall $0 \leqq x \leqq u-1$ ist nun in der Tat $t-e-1-2x \geqq t-e+1-2u = 1-e+f \geqq 0$, so daß mindestens der Wert $z=0$ einen zugehörigen Tetraedergitterpunkt in der Ebene 5 liefert. Wegen $z \geqq 0$ müssen wir ferner die im Intervall $t-e-1-3x \leqq z \leqq -1$ liegenden z-Werte ausschließen, deren Anzahl $3x-t+e+1$ beträgt, falls solche z-Werte überhaupt vorhanden sind; dies ist nur für $x \geqq {}^1\!/_3(t-e) = v + {}^1\!/_3(f_1-e)$ der Fall. Nun aber ist der Bruch ${}^1\!/_3(f_1-e) \geqq -{}^2\!/_3$ und hat einen positiven Wert, nämlich ${}^1\!/_3$, nur für $e=0$, $f_1=1$; wenn wir also in jedem Fall bei diesem Ausschluß $x \geqq v$ annehmen, so wird zwar für $e=0$, $f_1=1$, $x=v$ das Glied $3x-t+e+1$ unberechtigt hinzugefügt, was aber wegen $3x-t+e+1 = 3v-(3v+1)+1 = 0$ keine Korrektur erfordert. Wir erstrecken daher die Ausschlußsummation auf das Intervall $v \leqq x \leqq u-1$; wenn nun zwar stets $v \leqq u$, aber $v=u$ für die Anfangswerte $t=1, 2, 3, 5$ ist, so erfordert auch dies keine Korrektur, weil zwar in diesen Fällen wegen $x \leqq u-1 = v-1$ und $x \geqq v$ bzw. $x \geqq v+1$ überhaupt keine Ausschlußsummation erforderlich ist, aber die unberechtigt aufgestellte Summe durch Anwendung der Formel (6) den Wert 0 erhält. Aus demselben Grunde bildet auch der einzige Wert $t=1$, für den $u=0$ ist, keine Ausnahme, weil dann eben wegen $v=u=0$ beide Summen, die in der folgenden Rechnung auftreten, verschwinden. Es ergibt sich daher in jedem Falle unter Anwendung von (6)

$$m_5 = \sum_{x=0}^{u-1}(x+1) - \sum_{x=v}^{u-1}(3x - t + e + 1) + (1-e)f$$
$$= \frac{1}{2}u(u+1) - \frac{1}{2}(u-v)(3u+3v-2t+2e-1) + (1-e)f$$
$$= \frac{1}{8}(t-f)(t-f+2) - \frac{1}{24}(t-3f+2f_1)(t+4e-3f-2f_1-2)$$
$$+ (1-e)f$$
$$= \frac{1}{12}(t^2 + 4t + 3f + 2f_1^2 + 2f_1) - \frac{e}{6}(t + 3f + 2f_1).$$

Nachdem sich $m_1 = m_2$ ergeben hat, wird man aus Symmetriegründen vermuten, daß auch $m_5 = m_6$ ist. In der Tat erhält man z. B. für $t = 1$, d. h. $f = 1$, $f_1 = 1$ den Wert $m_5 = 1 - e$, und dies ist richtig, weil schon im § 3 festgestellt wurde, daß die Ebene 5 für $s = 12$, d. h. $e = 0$ nur die Ecke 0 und für $s = 13$, d. h. $e = 1$ überhaupt keinen Tetraederpunkt enthält, und für m_6 erhält man dasselbe Resultat. Allgemein bildet die affine Abbildung $x = y' + z'$, $y = y'$, $z = x' - y'$ mit der Umkehrung $x' = y + z$, $y' = y$, $z' = x - y$ jede der beiden Begrenzungsebenen $y = 0$ und $x + z = t$ des Tetraeders und übrigens auch jede der drei kritischen Ebenen 1, 4, 7 auf sich selbst ab, während einerseits die beiden Begrenzungsebenen $z = 0$ und $y = x$ des Tetraeders und andererseits die beiden kritischen Ebenen 5 und 6 aufeinander abgebildet werden. Da also auch das Tetraeder auf sich selbst abgebildet wird und jeder Gitterpunkt auf einen Gitterpunkt abgebildet wird, ist $m_5 = m_6$. Übrigens besteht die Gesamtheit der Punkte des Raumes, die auf sich selbst abgebildet werden, aus den Punkten der kritischen Ebene 1 mit der Gleichung $x = y + z$; abgesehen von dieser Ebene sind die Ebenen $ax + by + cz = d$, die auf sich selbst abgebildet werden, durch $a = c$ charakterisiert.

Etwas komplizierter ist die Berechnung des m_7 für die letzte Ebene $2x + 2z + y = t - e - 2$, sowie auch die direkte Berechnung des m_6 mühsamer sein würde als die von m_5. Setzt man $k = x + z + 1$, so daß $k \geqq 1$ sein muß, so lautet die Gleichung $y + 2k = t - e$, und wegen $y \geqq 0$ ergibt sich $k \leqq {}^1/_2\,(t - e) < t + 1$, also $x+z<t$; die Ungleichung $k \leqq {}^1/_2(t-e) = u + {}^1/_2(f-e)$ aber läßt sich für jede zulässige Wertkombination e, f in der verschärften Gestalt schreiben $k \leqq u - e(1-f)$. Aus den Ungleichungen $y \leqq x$, $z \geqq 0$ folgt ferner, daß x stets dem Intervall $t-e-2k \leqq x \leqq k-1$ angehören muß, so daß für x bei festem k stets $3k-t+e$ Werte in Betracht kommen und zur Existenz wenigstens einer Lösung die Ungleichung $k \geqq {}^1/_3(t-e+1) = v + {}^1/_3(1+f_1-e)$ erforderlich ist. Wir beschränken infolgedessen k auf das Intervall $v \leqq k \leqq u - e(1-f)$, so daß der Wert $k=v$ in den beiden Fällen $f_1 = e$ sowie $e=0$, $f_1=1$ unberechtigt ist; nun aber hat das Glied $3k-t+e$ für $k=v$ den Wert $e-f_1$, welcher zwar im ersten Fall verschwindet, im zweiten Fall aber $=-1$ ist, so daß zur Korrektur des im zweiten Fall wirklich begangenen Fehlers in die Formel für m_7 das Zusatzglied ${}^1/_2(1-e)f_1(1+f_1)$ aufgenommen werden muß, welches für $e=0$, $f_1=1$ den Wert $+1$ hat, für alle anderen zulässigen Wertkombinationen des Systems e, f_1 aber verschwindet. Wir wollen ferner die Anfangswerte $s=12, 13, 15$, d. h. $t=1$ sowie $e=1$, $t=2$ ausschließen; dann ist immer $1 \leqq v \leqq u - e(1-f)$, so daß es abgesehen von diesen drei Fällen stets wenigstens einen k-Wert gibt, der allen Anforderungen genügt, und wir erhalten:

$$\begin{aligned} m_7 &= \sum_{k=v}^{u-e(1-f)} (3k-t+e) + \frac{1}{2}(1-e)f_1(1+f_1) \\ &= \frac{1}{2}[u-v-e(1-f)+1][3u+3v-2t-e(1-3f)] \\ &\quad + \frac{1}{2}(1-e)f_1(1+f_1) \\ &= \frac{1}{24}[t-3f+2f_1+6-6e(1-f)][t-3f-2f_1-2e(1-3f)] \\ &\quad + \frac{1}{2}(1-e)f_1(1+f_1) \\ &= \frac{1}{24}[t^2+6t(1-f)-9f+8f_1^2] - \frac{e}{6}[t(2-3f)-3f \\ &\quad + f_1 + 3f_1^2], \end{aligned}$$

indem wir die Formel (6) anwenden und jetzt außer $f^2 = f$ auch $e^2 = e$ setzen. Dann ergibt sich für $t = 1$, also $f = 1$, $f_1 = 1$ der Wert $m_7 = 0$ und für $t = 2$, also $f = 0$, $f_1 = -1$ der Wert $m_7 = 1 - e$, in Übereinstimmung damit, daß die Ebene 7 mit dem Tetraeder in den Fällen $s = 12, 14, 15$ überhaupt keinen Punkt und im Falle $s = 14$ nur die Ecke 0 gemeinsam hat, wie schon in § 3 festgestellt wurde. Die Formel für m gilt also auch in den drei oben ausgeschlossenen Fällen und ist damit allgemein bewiesen.

Schließlich erhalten wir die in der Einleitung definierte Anzahl m, wenn wir die erhaltenen Einzelresultate addieren. So ergibt sich

$$m = \sum_{i=1}^{7} m_i = 2\,m_1 + m_3 + m_4 + 2\,m_5 + m_7$$

$$= \left[t^2 + 4t + 3 + \frac{f_1}{2}(1 + f_1)\right] - \frac{e}{2}[(t-1)(2-f) + 4 + 2\,f_1].$$

§ 5. Die kritischen Geraden

Wir gehen nunmehr zur Untersuchung der kritischen Geraden über und beschäftigen uns zunächst mit der in § 3 mit 0 bezeichneten gemeinsamen Schnittgeraden der kritischen Ebenen 1, 5, 6, welche die Parameterdarstellung $x = {}^1\!/_3\,(t - e - 1)$, $z = {}^1\!/_3\,(t - e - 1) - y$ hat. Diese hat für $s = 13$, d. h. für $e = 1, t = 1$ überhaupt keinen Punkt mit dem Tetraeder gemeinsam, und sie hat in den Fällen $s = 12$ und $s = 15$, d. h. für $t = 1$, $e = 0$ und für $t = 2$, $e = 1$ nur die Ecke 0 mit dem Tetraeder gemeinsam. In allen anderen Fällen schneidet sie das Tetraeder in einer Strecke, die durch das Intervall $0 \leqq y \leqq {}^1\!/_3\,(t - e - 1)$ bestimmt wird, da für diese y-Werte und nur für diese offenbar die Ungleichungen $y \geqq 0$, $z \geqq 0$, $y \leqq x$, $x + z \leqq t$ erfüllt sind; man erhält also diese Strecke, indem man den inneren Punkt $x = y = {}^1\!/_3\,(t - e - 1) > 0$, $z = 0$ der Kante 02 mit dem inneren Punkt $x = z = {}^1\!/_3\,(t - e - 1) > 0$, $y = 0$ des der Ecke 2 gegenüberliegenden Begrenzungsdreieckes in der Ebene $y = 0$ verbindet. Ferner können auf dieser Strecke überhaupt nur Gitterpunkte liegen, wenn $t \equiv 1 + e\,(3)$ ist; dann aber ist $f_1 = 1 - 2\,e$, ${}^1\!/_3\,(t - e - 1) = v - e$, und die Anzahl dieser Gitterpunkte ist $v - e + 1 \geqq 0$, was offenbar in allen Fällen $s \geqq 12$ gilt. Nun aber hat die Funktion $\frac{1}{2} f_1 (1 + f_1) - e f_1$ den Wert 1 in den beiden Fällen $e = 0$, $f_1 = 1$ und $e = 1$, $f_1 = -1$, in denen die Gleichung $f_1 = 1 - 2e$ gilt, und sie verschwindet für die 4 anderen zulässigen Wertkombinationen des Systems e, f_1. Man erhält daher für die Anzahl n_0 der auf der kritischen Geraden 0 liegenden Tetraedergitterpunkte in allen Fällen $s \geqq 12$, wenn man außer $e^2 = e$ nunmehr auch die Gleichung $f_1^3 = f_1$ anwendet:

$$\begin{aligned} n_0 &= \left(\frac{1}{2} f_1 (1 + f_1) - e f_1\right)(v - e + 1) \\ &= \frac{1}{6}\left(f_1 (1 + f_1) - 2 e f_1\right)(t + 3 - 3e - f_1) \\ &= \frac{1}{6}\left(t + 2\right) f_1 (1 + f_1) - \frac{e f_1}{6}(2t + 3 + f_1). \end{aligned}$$

Wir beweisen nunmehr, daß die übrigen 7 in der Zeile (8) aufgezählten Geraden wirklich kritische Geraden sind. Dazu geben wir in zweckmäßig gewählter Reihenfolge für jede dieser Geraden eine Parameterdarstellung an, indem wir eine zweckmäßig gewählte Raumkoordinate als Parameter benutzen, und sodann ein Intervall für diesen Parameter, so daß der zugehörige Punkt der Geraden dem Innern oder dem Rand des Tetraeders angehört, je nachdem der Parameter dem Innern oder dem Rande des betreffenden Intervalles angehört, wie man sofort aus den das Tetraeder bestimmenden Ungleichungen erkennt. Reduziert sich dieses Intervall auf einen Punkt, so hat die Gerade mit dem Tetraeder nur einen Punkt auf dessen Rand gemeinsam; ist aber die angegebene Intervalldarstellung widersinnig, indem für einen Wert von s der Anfangswert des Intervalles größer als der Endwert ist, so bedeutet das, daß die Gerade mit dem Tetraeder überhaupt keinen Punkt gemeinsam hat.

1. (2, 4); $x = t - 2e - 4y$, $z = 2y + e$; $0 \leqq y \leqq \frac{1}{5}(t - 2e)$.
2. (3, 5); $y = t - 2e - 3 - 4x$, $z = 2x + e + 2$;
   $\frac{1}{5}(t - 2e - 3) \leqq x \leqq \frac{1}{4}(t - 2e - 3)$.
3. (1, 7); $y = 4x - t + e + 2$, $z = t - e - 2 - 3x$;
   $\frac{1}{4}(t - e - 2) \leqq x \leqq \frac{1}{3}(t - e - 2)$.

4. $(2, 5)$; $x = t - 2z$, $y = 3z - t - e - 1$;
$\frac{1}{3}(t + e + 1) \leqq z \leqq \frac{1}{5}(2t + e + 1)$.

5. $(3, 4)$; $x = 3z - t - e - 2$, $y = t + 1 - 2z$;
$\frac{1}{5}(2t + e + 3) \leqq z \leqq \frac{1}{2}(t + 1)$.

6. $(1, 2)$; $x = t - 2z$, $y = t - 3z$, $0 \leqq z \leqq t/3$.

7. $(1, 4)$; $y = t - e - 2x$, $z = 3x - t + e$;
$\frac{1}{3}(t - e) \leqq x \leqq \frac{1}{2}(t - e)$.

Numerieren wir die kritischen Geraden in dieser Reihenfolge mit 1 bis 7, so ergibt sich hieraus zunächst, daß im Fall $e = 0$ die Gerade 2 für $t \leqq 2$ sowie die Geraden 3 und 4 für $t = 1$ keinen Punkt mit dem Tetraeder gemeinsam haben, während im Falle $e = 1$ die Gerade 2 für $t \leqq 4$, die Gerade 4 für $t \leqq 3$, die Geraden 3 und 5 für $t \leqq 2$ und schließlich die Geraden 0 und 1 für $t = 1$ keinen Punkt mit dem Tetraeder gemeinsam haben. Ferner hat die Gerade 0 für $e = 0$, $t = 1$ nebst $e = 1$, $t = 2$, die Gerade 3 für $e = 0$, $t = 2$ nebst $e = 1$, $t = 3$ und die Gerade 7 für $e = 1$, $t = 1$ nur die Ecke 0 mit dem Tetraeder gemeinsam; die Gerade 5 hat für $e = 0$, $t = 1$ nur die Ecke 3 mit dem Tetraeder gemeinsam, während die Gerade 1 für $e = 1$, $t = 2$, die Gerade 2 für $e = 0$, $t = 3$ nebst $e = 1$, $t = 5$, die Gerade 4 für $e = 0$, $t = 2$ nebst $e = 1$, $t = 4$ und die Gerade 5 für $e = 1$, $t = 3$ nur einen Gitterpunkt im Innern der Kante 03 mit dem Tetraeder gemeinsam hat. Abgesehen von diesen ausgearteten Fällen aber schneidet jede der 8 kritischen Geraden das Tetraeder in einer Strecke. Diese erhält man im Falle $e = 0$ für die Gerade 7, indem man zwei innere Punkte der Gegenkanten 02 und 13 miteinander verbindet, für die Gerade 1, indem man die Ecke 1 und für die Gerade 5, indem man einen inneren Punkt der Kante 13 mit einem inneren Punkt des der Ecke 1 in der Ebene $y = x$ gegenüberliegenden Begrenzungsdreieckes des Tetraeders verbindet. In jedem anderen Fall ist der eine Endpunkt der Schnittstrecke ein innerer Punkt des der Ecke 2 in der Ebene $y = 0$ gegenüberliegenden Begrenzungsdreieckes des Tetraeders, während der andere Endpunkt der Schnittstrecke bei der Geraden 6 die Ecke 2 ist und bei den Geraden 0 und 3 stets sowie bei der Geraden 7 für $e = 1$ ein innerer Punkt der Kante 02 ist; dagegen ist bei den Geraden 2 und 4 stets, sowie im Falle $e = 1$ bei den Geraden 1 und 5 dieser andere Endpunkt ein innerer Punkt des der Ecke 1 in der Ebene $y = x$ gegenüberliegenden Begrenzungsdreieckes des Tetraeders. Diese beiden Begrenzungsdreiecke haben übrigens die Kante 03 gemeinsam. Schließlich sei noch daran erinnert, daß sich zwei kritische Geraden im Innern oder auf dem Rande des Tetraeders nur in dem einzigen Punkte (9) schneiden können, der als Schnittpunkt der drei kritischen Ebenen 1, 2, 4 zugleich der Schnittpunkt der drei kritischen Geraden 1, 6, 7 ist; dieser Punkt liegt aber wirklich für $e = 0$ und jedes t sowie für $e = 1$, $t \geqq 4$ im Innern des Tetraeders, während er für $e = 1$, $t = 3$ die Koordinaten $x = z = 1$, $y = 0$ hat und daher dem Innern des der Ecke 2 in der Ebene $y = 0$ gegenüberliegenden Begrenzungsdreieckes des Tetraeders angehört.

Wir gehen jetzt zur Berechnung der Gesamtzahl n_1 der auf den kritischen Geraden 1 bis 7 gelegenen Tetraedergitterpunkte über, von denen jeder nur auf einer einzigen kritischen Geraden liegen kann, mit Ausnahme des Punktes (9), der freilich nur in Betracht kommt, wenn er ein Tetraedergitterpunkt ist, in diesem Falle aber dreifach zu zählen ist, da er drei kritischen Geraden angehört. Wir notieren zunächst die Parameterintervalle der 7 kritischen Geraden, bezeichnen aber den Parameter einheitlich mit k und verschieben einige dieser Intervalle um eine passend gewählte ganze Zahl, da sich dadurch die Anzahl der in dem betreffenden Intervall liegenden ganzen Zahlen nicht ändern kann; dann lauten diese Intervalle:

$$(12) \qquad 0 \leqq k \leqq \frac{1}{5}(t-2e), \frac{1}{5}(t-2e+2) \leqq k \leqq \frac{1}{4}(t-2e+1),$$
$$\frac{1}{4}(t-e+2) \leqq k \leqq \frac{1}{3}(t-e+1), \frac{1}{3}(t+e+1) \leqq k$$
$$\leqq \frac{1}{5}(2t+e+1), \frac{1}{5}(2t+e+3) \leqq k \leqq \frac{1}{2}(t+1),$$
$$u+f+1 \leqq k \leqq u+f+1+\frac{t}{3},$$
$$u+f+1+\frac{1}{3}(t+2e) \leqq k \leqq t+1+\frac{1}{2}(e+f),$$

und es ist n_1 = der Gesamtanzahl der in diesen Intervallen enthaltenen ganzen Zahlen k, wobei aber für die Anfangswerte von s diejenigen Intervalle, die dadurch widersinnig werden, daß der Anfangswert des Intervalles größer als der Endwert ist, zu streichen sind. Wegen $0 \leqq ef \leqq {}^1/_2(e+f) \leqq 1$, ist die größte der in diesen Intervallen enthaltenen ganzen Zahlen höchstens die Zahl $t+1+ef$; wir bezeichnen daher das Intervall $0 \leqq k \leqq t+1+ef$ als das Gesamtintervall und schreiben jeder ganzen Zahl k dieses Intervalls die Vielfachheit $w \geqq 0$ zu, wenn sie in w „Teilintervallen“ liegt, wobei natürlich die eventuell widersinnigen Teilintervalle nicht berücksichtigt werden. Dann ist n_1 gleich der Anzahl der im Gesamtintervall liegenden ganzen Zahlen k, wenn jede mit ihrer Vielfachheit gezählt wird, und wir beweisen zunächst den folgenden Hilfssatz: Die einzigen ganzen Zahlen des Gesamtintervalles mit der Vielfachheit 2 sind die Zahlen ${}^1/_3(t+1)$ und $u+f+1+t/_3$, falls $e=0$ und die betreffende Zahl ganz ist; ferner sind die einzigen Zahlen mit der Vielfachheit 0 im Falle $e=0$ die beiden Zahlen ${}^1/_5(t+1)$ und ${}^2/_5(t+1)$, wenn sie ganz sind und im Falle $e=1$ die 5 Zahlen

$$\frac{1}{5}(t-1),\ \frac{t}{4},\ \frac{1}{3}(t+1),\ \frac{1}{5}(2t+3)=\frac{2}{5}(t-1)+1,$$
$$u+f+1+\frac{1}{3}(t+1),$$

wenn die betreffende Zahl ganz ist; alle anderen ganzen Zahlen des Gesamtintervalles aber haben stets die Vielfachheit 1.

Zum Beweise behandeln wir die beiden Fälle $e=0$ und $e=1$ einzeln und zerlegen demgemäß die Intervallfolge (12) in die beiden Folgen:

$$(12\,\mathrm{a})\qquad 0\leqq k\leqq\frac{t}{5},\ \frac{1}{5}(t+2)\leqq k\leqq\frac{1}{4}(t+1),\ \frac{1}{4}(t+2)\leqq k\leqq\frac{1}{3}(t+1),$$
$$\frac{1}{3}(t+1)\leqq k\leqq\frac{1}{5}(2t+1),$$
$$\frac{1}{5}(2t+3)\leqq k\leqq u+\frac{1}{2}(f+1),\ u+f+1\leqq k\leqq u+f+1+\frac{t}{3},$$
$$u+f+1+\frac{t}{3}\leqq k\leqq t+1+\frac{f}{2};$$

(12 b) $0 \leqq k \leqq \frac{1}{5}(t-2), \frac{t}{5} \leqq k \leqq \frac{1}{4}(t-1), \frac{1}{4}(t+1) \leqq k \leqq \frac{t}{3},$

$\frac{1}{3}(t+2) \leqq k \leqq \frac{1}{5}(2t+2),$

$\frac{1}{5}(2t+4) \leqq k \leqq u+\frac{1}{2}(f+1), u+f+1 \leqq k \leqq u+f+1+\frac{t}{3},$

$u+f+1+\frac{1}{3}(t+2) \leqq k \leqq t+1+\frac{1}{2}(f+1);$

Wir verifizieren zunächst den Hilfssatz im Falle $e=0$ für die beiden Anfangswerte $t \leqq 2$ mit (12 a) und im Falle $e=1$ für die 4 Anfangswerte $t \leqq 4$ mit (12 b). Dann erhalten wir für $e=0$ im Falle $t=1$ das Gesamtintervall $0 \leqq k \leqq 2$ mit nur 4 Teilintervallen und nur einfach auftretenden ganzen Zahlen und im Falle $t=2$ das Gsamtintervall $0 \leqq k \leqq 3$ mit 6 Teilintervallen und der doppelt auftretenden Zahl $1/3\,(t+1)=1$, während die übrigen 3 Zahlen einfach auftreten, was in beiden Fällen der Behauptung des Hilfssatzes entspricht. Ferner erhalten wir für $e=1$, $t \leqq 2$ das Gesamtintervall $0 \leqq k \leqq 3$, und zwar im Falle $t=1$ mit nur zwei Teilintervallen und den beiden fehlenden Zahlen $1/5\,(t-1)=0$, und $1/5\,(2t+3)=1$, während die beiden anderen Zahlen einfach auftreten, im Falle $t=2$ dagegen mit 3 Teilintervallen und den beiden fehlenden Zahlen $1/3\,(t+1)=1$, $u+f+1+1/3\,(t+1)$ $=t+1+ef=3$, während die beiden Zahlen 0 und 2 wiederum einfach auftreten; in den beiden Fällen $e=1$, $t=3$ und $e=1$, $t=4$ aber hat man das Gesamtintervall $0 \leqq k \leqq 5$, und zwar für $t=3$ mit 5 Teilintervallen, in denen alle 6 Zahlen des Gesamtintervalles einfach auftreten, dagegen für $t=4$ mit 6 Teilintervallen, in denen die Zahl $t/4=1$ fehlt, während die anderen 5 Zahlen des Gesamtintervalles einfach auftreten. Der Hilfssatz ist daher auch für $e=1$, $t \leqq 4$ richtig und ist nur noch für $e=0$, $t \geqq 3$ sowie für $e=1$, $t \geqq 5$ zu beweisen. Bezeichnen wir sowohl in (12 a) als auch in (12 b) die Anfangswerte der 7 Teilintervalle mit x_i und die Endwerte mit y_i, so ist jetzt stets $x_i \leqq y_i$, da wie bewiesen keines der Teilintervalle mehr widersinnig sein kann, und es ist $x_i=y_i$ nur noch für $i=2$ in den beiden Fällen $e=0$, $t=3$

und $e=1$, $t=5$. Aus der Betrachtung der Teilintervalle aber ergibt sich sofort, daß für jedes $i=1,2,\ldots 6$ auch die Ungleichung $y_i \leqq x_{i+1}$ gilt und daß die Gleichung $y_i = x_{i+1}$ nur im Falle $e=0$ für $i=3$ und $i=6$ richtig ist, womit die Behauptung des Hilfssatzes bezüglich der mehrfach auftretenden ganzen Zahlen des Gesamtintervalles schon bewiesen ist. Da ferner im Innern der „Lücke" von $u + {}^1/_2(f+1)$ bis $u+f+1$ in beiden Fällen $f=0$ und $f=1$ keine ganze Zahl liegt und da bei ganzzahligem t im Innern der Lücke von ${}^1/_4(t+1)$ bis ${}^1/_4(t+2)$ ebenfalls keine ganze Zahl liegt, während im Innern jeder anderen Lücke nur ihr Mittelpunkt eine ganze Zahl sein kann, so ist auch die Behauptung bezüglich der ganzen Zahlen des Gesamtintervalles mit der Vielfachheit 0 und damit der Hilfssatz in vollem Umfange bewiesen.

Definieren wir nunmehr die Restklassen-Repräsentanten g, f_2, f_3 durch die Kongruenzen $t \equiv 2g + f$ (4), $t \equiv f_2$ (5), $t \equiv f_3$ (7), wo g entweder gleich 0 oder gleich 1 und $|f_2| \leqq 2$, $|f_3| \leqq 3$ ist, so ist nach dem Hilfssatz die Anzahl $n_1 =$ der Anzahl $t+2+ef$ der ganzen Zahlen des Gesamtintervalles, zu der im Falle $e=0$ noch die Zahl $+1$ zu addieren ist, falls $f_1 = -1$ oder $f_1 = 0$ ist, und die Zahl -2 zu addieren ist, falls $f_2 = -1$ ist, während im Fall $e=1$ die Zahl -1 zu addieren ist, falls $f=g=0$ ist, und die Zahl -2 zu addieren ist, sowohl wenn $f_1 = -1$ als auch wenn $f_2 = 1$ ist. Wir bilden daher die 5 Funktionen

$$\varphi_1 = \frac{1}{2} f_1 (f_1 - 1), \quad \varphi_2 = 1 - f_1^2, \quad \varphi_3 = (1-f)(1-g),$$

$$\varphi_4 = \frac{1}{6} f_2 (f_2 - 1)(4 - f_2^2), \quad \varphi_5 = \frac{1}{6} f_2 (f_2 + 1)(4 - f_2^2),$$

welche der Reihe nach für die Variablenwerte $f_1 = -1$, $f_1 = 0$, $f = g = 0$, $f_2 = -1$, $f_2 = 1$ den Wert 1 haben, während sie für alle anderen zulässigen Werte der Restklassenrepräsentanten verschwinden; dann ergibt sich die in allen Fällen richtige Formel

$$
\begin{aligned}
n_1 = {} & (t + 2 + ef) + (1 - e)(\varphi_1 + \varphi_2 - 2\varphi_4) \\
& - e(\varphi_3 + 2\varphi_1 + 2\varphi_5) \\
= {} & (t + 2 + \varphi_1 + \varphi_2 - 2\varphi_4) \\
& - e\left[3\varphi_1 + \varphi_2 + \varphi_3 + 2(\varphi_5 - \varphi_4) - f\right] \\
= {} & \left[t + 3 - \frac{1}{2} f_1 (1 + f_1) + \frac{1}{3} f_2 (1 - f_2)(4 - f_2^2)\right] \\
& - e\left[(2 - g)(1 - f) - \frac{1}{2} f_1 (3 - f_1) + \frac{2}{3} f_2 (4 - f_2^2)\right].
\end{aligned}
$$

Der schon mehrmals betrachtete Punkt (9) ist ein Gitterpunkt, wenn $t \equiv 3e$ (7), d. h. $f_3 = 3e$ ist und gehört dann stets dem Tetraeder an, da für $e = 1$, $t \leqq 2$ diese Kongruenz nicht erfüllt ist. Der einzige Fall $s = 17$, d. h. $e = 1$, $t = 3$, für den der Punkt (9) auf dem Rande des Tetraeders liegt, liefert also zugleich den kleinsten Wert von s, für den die Gleichung $f = 3e$ erfüllt ist; dann folgt $s = 24$, d. h. $e = 0$, $t = 7$, weiter $s = 31$ usw. Die Gleichung $f_3 = 3e$ führt nun zur Bildung der Funktion

$$
\begin{aligned}
n_2 = {} & \frac{1}{36}(1 - f_3^2)(4 - f_3^2)(9 - f_3^2) \\
& - \frac{e}{240}(1 - f_3^2)(4 - f_3^2)(3 + f_3)(20 - 7 f_3),
\end{aligned}
$$

die im Falle der Gleichung $f_3 = 3e$, d. h. in den beiden Fällen $e = 0$, $f_3 = 0$ und $e = 1$, $f_3 = 3$ den Wert 1 hat, während sie für alle anderen zulässigen Wertkombinationen der Restklassenrepräsentanten e, f_3 verschwindet. Man hat dann für die in der Einleitung und in § 3 behandelte Anzahl n die Formel $n = 2n_0 + n_1 - n_2$. Da nämlich n die Anzahl der auf den kritischen Geraden liegenden Tetraedergitterpunkte bedeutet, wobei aber diejenigen Tetraedergitterpunkte, die sogar drei kritischen Ebenen angehören, doppelt zu zählen sind, so sind die Tetraedergitterpunkte der kritischen Geraden 0 sämtlich doppelt zu zählen, wenn überhaupt $n_0 > 0$ ist, und es sind die Tedraedergitterpunkte der 7 anderen kritischen Geraden sämtlich einfach zu zählen, wenn der Punkt (9) kein

Gitterpunkt ist, und dann ist auch $n_2 = 0$. Ist dagegen der Punkt (9) ein Gitterpunkt, so liefert er zwar zu n_0 keinen Beitrag, da er nie auf der kritischen Geraden 0 liegt; er liefert dann aber zu n_1 den Beitrag 3, da er auf jeder der kritischen Geraden 1, 6, 7 liegt, und es ist $n_2 = 1$, so daß er in der aufgestellten Formel doppelt gezählt wird, wie es die Definition von n verlangt. Da hiermit diese Formel bewiesen ist, braucht man nur noch die in diesem Paragraphen aufgestellten Formeln für n_0, n_1 und n_2 zu kombinieren, um als Schlußresultat die gesuchte Anzahl n zu erhalten:

$$n = t + \frac{1}{3}(t-1) f_1 (1 + f_1) + 2 + \frac{f_1}{2}(1 + f_1)$$
$$-\frac{e}{6}\Big[(t-1)\, 4 f_1 + 6\,(2-g)(1-f) + f_1 (1 + 5 f_1)\Big] + r,$$

wo der nur von e, f_2, f_3 abhängige Rest r die Gestalt hat:

$$r = \Big[1 + \frac{1}{3} f_2 (1-f_2)(4-f_2^2) - \frac{1}{36}(1-f_3^2)(4-f_3^2)(9-f_3^2)\Big]$$
$$(13) \qquad -\frac{e}{6}\Big[4 f_2 (4-f_2^2) - \frac{1}{40}(1-f_3^2)(4-f_3^2)(3+f_3)(20-7 f_3)\Big].$$

§ 6. Der Hauptsatz und die Summationsfunktionen

Wir kombinieren nunmehr die Ausdrücke für l, m, n, die wir in den Abschlußformeln der §§ 3, 4, 5 erhalten haben; dann ergibt sich aus der schon in § 3 unter (10) bewiesenen Formel $f(s) = l - m + n$, die für alle Werte $s \geqq 12$, bzw. $t \geqq 1$ geltende Darstellung

$$f(s) = \frac{t}{6}(t^2 - 7) + \frac{1}{3}(t-1) f_1 (1 + f_1)$$
$$+ \frac{e}{6}\Big[(t-1)(6 - 3f - 4 f_1) + 12 f$$
$$+ 6 g (1-f) + 5 f_1 (1 - f_1)\Big] + r,$$

die schon in der Einleitung angegeben ist. Bezeichnet man den sich für $e = 0$ ergebenden Wert von r mit r_0 und den sich für $e = 1$

ergebenden Wert von r mit r_1, so erhält man aus (13) die beiden Formeln

$$(13\,a)\quad r_0 = 1 + \frac{1}{3} f_2(1-f_2)(4-f_2^2) - \frac{1}{36}(1-f_3^2)(4-f_3^2)(9-f_3^2),$$

$$(13\,b)\quad r_1 = 1 - \frac{1}{3} f_2(1+f_2)(4-f_2^2) - \frac{1}{720} f_3(1-f_3^2)(4-f_3^2)(3+f_3),$$

und hieraus ergibt sich, daß der Rest r nur die 4 Werte 1, 0, —1, —2 annehmen kann:

$r_0 = 1$ für $f_2 \neq -1,\ f_3 \neq 0$; $r_0 = 0$ für $f_2 \neq -1,\ f_3 = 0$;
$r_0 = -1$ für $f_2 = -1,\ f_3 \neq 0$; $r_0 = -2$ für $f_2 = -1,\ f_3 = 0$;
$r_1 = 1$ für $f_2 \neq 1,\ f_3 \neq 3$; $r_1 = 0$ für $f_2 \neq 1,\ f_3 = 3$;
$r_1 = -1$ für $f_2 = 1,\ f_3 \neq 3$; $r_1 = -2$ für $f_2 = 1,\ f_3 = 3$.

In der Einleitung habe ich auf die Angabe der etwas komplizierten Formeln (13), bzw. (13 a) und (13 b) verzichtet; man kann natürlich die in der Einleitung angegebenen und nach der Methode des § 1 berechneten Anfangswerte der Funktion $f(s)$ für $s \geqq 12$ verifizieren und die Rechnung auf diesem ganz wesentlich bequemeren Wege fortsetzen, da man ja für jedes $s \geqq 12$ das zugehörige t, die 6 Restklassenrepräsentanten e, f, g, f_1, f_2, f_3 und damit auch das zugehörige r sofort hinschreiben kann. Zum Beweise des folgenden Satzes rechne ich nur die folgenden Werte aus: $f(22) = 30$, $f(23) = 34$, $f(24) = 53$, $f(25) = 55$ und $f(36) = f(37) = 360$.

Aus der letzten Gleichung sieht man schon, daß für $s \geqq 14$ nicht stets $f(s) < f(s+1)$ ist. Um nun die Frage des Wachsens der Funktion $f(s)$ vollständig zu klären, gehe ich von der für gerades s geltenden Gleichung aus:

$$(14)\quad f(s+1) - f(s) = \frac{1}{6}\Big[(t-1)(6-3f-4f_1) + 12f + 6g(1-f) + 5f_1(1-f_1)\Big] + r_1 - r_0$$

und nehme zunächst an, daß s nicht durch 12, also $t-1$ nicht durch 6 teilbar ist, da ja $s = 2[(t-1)+6]$ ist. Man erhält dann, wenn $t \geqq 3$ und nicht $\equiv 1\,(6)$, also nicht $f = f_1 = 1$ ist,

$f(s+1)-f(s) \geqq {}^1/_3(t-1)+(r_1-r_0)$. Hieraus aber folgt weiter, wenn $8 \leqq t \leqq 30$ ist, $f(s+1)-f(s) \geqq 7/3-2>0$, und für $t \geqq 31$ folgt: $f(s+1)-f(s) \geqq 10-3>0$, so daß für jedes gerade $s \geqq 12$, das nicht durch 12 teilbar ist, die Ungleichung $f(s)<f(s+1)$ gilt, die ja für $t \leqq 6$, d. h. $s \leqq 22$ schon aus den berechneten Anfangswerten ersichtlich ist. Ist aber $s=12\,k$, also $t=6\,k-5$, $f=1$, $f_1=1$, so folgt aus (14) die Gleichung $f(12\,k)-f(12\,k+1)=k-3+(r_0-r_1)$. Nun hat dieser Ausdruck zwar für $k=4$, d. h. $t=19$ den Wert -1, so daß nach $f(36)=f(37)$ wieder $f(48)<f(49)$ ist; aber für $k=5$ hat er den positiven Wert 2, für $k=6$ den Wert 6 und für $k \geqq 7$ ist er $\geqq 7-3-3$, also sicher positiv. Damit ist bewiesen, daß bei geradem $s \geqq 12$ die Ungleichung $f(s)>f(s+1)$ dann und nur dann gilt, wenn $s=12\,k$ für $k \geqq 5$ ist, während die Gleichung $f(s)=f(s+1)$ dann und nur dann gilt, wenn $s=12\,k$ für $k=1$ oder $k=3$ ist; sonst ist also bei geradem $s \geqq 12$ stets $f(s)<f(s+1)$, und dies gilt auch für $s=12\,k$ in den beiden Fällen $k=2$ und $k=4$. Um nunmehr die Ungleichung $f(12\,k)<f(12\,k+2)$ für $k \geqq 2$ zu beweisen, setze ich $s=12\,k$, $t=6\,k-5$ und $s'=12\,k+2$, $t'=6\,k-4$ und bezeichne die auf s' bezüglichen Restklassenrepräsentanten ebenfalls durch einen Strich. Dann geht die zu beweisende Ungleichung über in $18\,(k-1)^2+5\,(k-1)>r_0-r_0'$ und ist daher wegen $r_0-r_0' \leqq 3$ sicher für jedes $k \geqq 2$ erfüllt. Um ebenso die Ungleichung $f(12\,k-1)<f(12\,k+1)$ für jedes $k \geqq 2$ zu beweisen, setze ich $s=12\,k-1$, $t=6\,(k-1)$ und $s'=12\,k+1$, $t'=6\,k-5$ und bezeichne wieder die auf s' bezüglichen Restklassenrepräsentanten durch einen Strich. Dann geht die zu beweisende Ungleichung über in $18\,(k-1)^2>(r_1-r_1')+g-2$ und ist wiederum, da die rechte Seite $\leqq 2$ ist, für jedes $k \geqq 2$ erfüllt. Es gelten daher für jedes $k \geqq 5$ die Ungleichungen $f(12\,k-1) < f(12\,k+1) < f(12\,k) < f(12\,k+2)$.

Es ist schließlich zu beweisen, daß für jedes ungerade $s \geqq 15$ die Ungleichung $f(s)<f(s+1)$ gilt. Setzt man $s'=s+1$, so ist $t'=t+1$ und es ist, wenn durchweg die auf s' bezüglichen Ausdrücke durch einen Strich bezeichnet werden, $f_1' \cdot (1+f_1') = 2\,(1-f_1^2)$. Da man in diesem Fall die Darstellung

$$f(s+1)-f(s)=\frac{t^2}{2}-\frac{t}{6}(6f_1^2-2f_1-3f-1)-\frac{7}{6}f_1(1-f_1)$$
$$-\frac{5f}{2}-g(1-f)+(r_0'-r_1)$$

erhält, ergibt sich für $t \geqq 4$ und alle Restklassen

$$f(s+1)-f(s) \geqq \frac{t}{6}(3t-7)+\frac{4}{3}+(r_0'-r_1) \geqq \frac{5}{3},$$

so daß die Behauptung für jedes $t \geqq 2$ richtig ist. Damit sind alle Behauptungen der Einleitung bezüglich des Wachsens der Funktion $f(s)$ bewiesen.

Indem wir schließlich zur Darstellung der summatorischen Funktionen übergehen, bezeichnen wir mit $F(s)$ die Anzahl der Normalquadrate, deren zugehörige Summe $\leqq s$ ist, mit $F_0(s)$ bzw. $F_1(s)$ die Anzahl der Normalquadrate, deren zugehörige Summe eine gerade bzw. eine ungerade Zahl $\leqq s$ ist und mit $\varphi(s)$ den Überschuß der Anzahl der Normalquadrate mit ungerader Summe $\leqq s$ über die Anzahl der Normalquadrate mit gerader Summe $\leqq s$. Da dann für jedes $s \geqq 12$ die Gleichungen gelten

$$F_1(s)=F_0(s)+\varphi(s), \quad F(s)=F_0(s)+F_1(s)=2F_0(s)+\varphi(s),$$
$$F(s)=F(s+1)-f(s+1),$$

genügt es, erstens die Funktion $F_0(s)$ für beliebiges $s \geqq 12$ darzustellen, wobei man ohne Einschränkung der Allgemeinheit die Zahl s als gerade Zahl annehmen kann, und zweitens die Funktion $\varphi(s)$ für ungerades $s \geqq 13$ darzustellen. Wir gehen daher von den für gerades $s' \geqq 12$ geltenden Formeln aus

$$f(s')=\frac{t'}{6}(t'^2-7)+\frac{1}{3}(t'-1)f_1'(1+f_1')+r_0',$$

$$r_0'=1+\frac{1}{3}f_2'(1-f_2')(4-f_2'^2)-\frac{1}{36}(1-f_3'^2)(4-f_3'^2)(9-f_3'^2),$$

und machen, nachdem wir schon am Ende des § 3 die Formel (11) benutzt haben, nunmehr auch von der für ganzes $n_0 \geqq 1$ geltenden Formel

$$\sum_{n=0}^{n_0} n^3 = \left(\sum_{n=0}^{n_0} n\right)^2 = \frac{n_0^2}{4}(n_0+1)^2$$

Gebrauch. Dann ergibt sich für $t \geqq 1$, wenn $t' = 3\,u_1' + f_1'$ und $t = 3\,u_1 + f_1$ sowie $f_1^3 = f_1$ gesetzt wird:

$$\sum_{t'=1}^{t} t'(t'^2 - 7) = \frac{t}{2}(t+1)\left(\frac{t}{2}(t+1) - 7\right),$$

$$\frac{1}{3}\sum_{t'=1}^{t}(t'-1)\,f_1'(1+f_1') = \sum_{u_1'=0}^{u_1-1} u_1'\cdot 2 + u_1 f_1(1+f_1)$$

$$= u_1[u_1 - 1 + f_1(1+f_1)] = \frac{t^2}{9} + \frac{t}{3}\left(\frac{f_1}{3} + f_1^2 - 1\right) - \frac{2f_1^2}{9}.$$

Bilden wir ferner die beiden Funktionen

$$\varphi_0 = \frac{f_2}{24}(1-f_2^2)(2-f_2),$$

$$\psi_0 = -\frac{f_3}{360}(1-f_3)(2-f_3)(3-f_3)(37 + 27\,f_3 + 5\,f_3^2),$$

die für $f_2 = -2$ bzw. $f_3 \leqq -1$ den Wert 1 haben, für alle anderen zulässigen Werte der Restklassenrepräsentanten f_2 bzw. f_3 aber verschwinden, so ergeben sich, wenn $t = 5\,u_2 + f_2 = 7\,u_3 + f_3$ gesetzt wird, für $t \geqq 1$ die Formeln

$$\frac{1}{3}\sum_{t'=1}^{t} f_2'(1-f_2')(4-f_2'^2) = -2\,u_2 + 2\varphi_0 = -\frac{2t}{5} + \frac{2f_2}{5} + 2\varphi_0,$$

$$-\frac{1}{36}\sum_{t'=1}^{t}(1-f_3'^2)(4-f_3'^2)(9-f_3'^2) = -u_3 + \psi_0 = -\frac{t}{7} + \frac{f_3}{7} + \psi_0,$$

$$\sum_{t'=1}^{t} r_0' = t\left(1 - \frac{2}{5} - \frac{1}{7}\right) + \frac{2f_2}{5} + \frac{f_3}{7} + (2\,\varphi_0 + \psi_0)$$

$$= \frac{16\,t}{35} + \frac{2f_2}{5} + \frac{f_3}{7} + \varrho_0;$$

$$F_0(s) = \sum_{t'=1}^{t} f(s') = \frac{t}{12}(t+1)\left(\frac{t}{2}(t+1) - 7\right)$$

$$+ \frac{t^2}{9} + \frac{t}{3}\left(\frac{13}{35} + \frac{f_1}{3} + f_1^2\right) - \frac{2f_1^2}{9} + \frac{2f_2}{5} + \frac{f_3}{7} + \varrho_0,$$

und dies ist das in der Einleitung angegebene Resultat; hierbei ist

$$\varrho_0 = 2\varphi_0 + \psi_0 = \frac{f_2}{12}(1-f_2^2)(2-f_2)$$
$$-\frac{f_3}{360}(1-f_3)(2-f_3)(3-f_3)(37+27f_3+5f_3^2),$$

so daß der nur von f_2 und f_3 abhängige Rest ϱ_0 nur die folgenden 4 Werte annehmen kann:

$$\varrho_0 = 0 \text{ für } f_2 \geqq -1,\ f_3 \geqq 0;\quad \varrho_0 = 1 \text{ für } f_2 \geqq -1,\ f_3 < -1;$$
$$\varrho_0 = 2 \text{ für } f_2 = -2,\ f_3 \geqq 0;\quad \varrho_0 = 3 \text{ für } f_2 = -2,\ f_3 < -1.$$

Zur Darstellung der Funktion $\varphi(s)$ für ungerades $s \geqq 13$ gehen wir von der für ungerades $s' \geqq 13$ geltenden Formel aus:

$$f(s') - f(s'-1) = \frac{1}{6}\Big[(t'-1)(6-3f'-4f_1') + 12f'$$
$$+ 6g'(1-f') + 5f_1'(1-f_1')\Big] + (r_1' - r_0')$$

und erhalten, wenn wir $t' = 2u' + f'$, $t = 2u + f$, $f^2 = f$ setzen:

$$\sum_{t'=1}^{t}(t'-1) = \frac{t}{2}(t-1),\quad \sum_{t'=1}^{t} f'(t'-1) = \sum_{u'=0}^{u} 2u' - 2u(1-f)$$
$$= u(u-1+2f) = \frac{t^2}{4} - \frac{t}{2}(1-f) - \frac{f}{4};$$

ferner erhalten wir, wenn wir $t' = 3u_1' + f_1'$, $t = 3u_1 + f_1$, $f_1^3 = f_1$ setzen:

$$\sum_{t'=1}^{t} f_1'(t'-1) = \sum_{u_1'=1}^{u_1}\Big[-(3u_1'-2)+3u_1'\Big] - 3u_1\Big[1 - \frac{f_1}{2}(1+f_1)\Big]$$
$$= u_1\Big[\frac{3f_1}{2}(1+f_1) - 1\Big] = \frac{t}{3}\Big[\frac{3f_1}{2}(1+f_1) - 1\Big] - \frac{f_1}{6} - \frac{f_1^2}{2},$$

und es ergibt sich, wenn wir schließlich noch $t' = 4w' + 2g' + f'$, $t = 4w + 2g + f$ setzen:

$$\sum_{t'=1}^{t} f' = u + f = \frac{t+f}{2},\quad \sum_{t'=1}^{t} g'(1-f') = w + g = \frac{1}{4}(t-f) + \frac{g}{2},$$
$$\sum_{t'=1}^{t} f_1'(1-f_1') = -2u_1 = -\frac{2}{3}(t-f_1).$$

Die Kombination aller dieser Resultate liefert für jedes ungerade $s \geqq 13$ die Darstellung:

$$\varphi(s) = \sum_{t'=1}^{t} \left[f(s') - f(s'-1)\right] = \frac{3t^2}{8} + \frac{t}{3}\left[2 - \frac{3f}{4} - f_1(1+f_1)\right]$$
$$+ \left[\frac{7f}{8} + \frac{g}{2} + \frac{f_1}{3}(2+f_1)\right] - \sigma_1,$$

wo der Rest σ_1 durch die Formeln definiert ist:

$$\sigma_1 = \sum_{t'=1}^{t} (r_0' - r_1'),\quad r_1' = 1 - \frac{1}{3} f_2'(1+f_2')(4-f_2'^2)$$
$$- \frac{1}{720} f_3'(1-f_3'^2)(4-f_3'^2)(3+f_3').$$

Wir führen daher noch die beiden Funktionen ein:

$$\varphi_1 = \frac{f_2}{24}(1+f_2)(2+f_2)(7-3f_2),\quad \psi_1 = \frac{f_3}{720}(1-f_3^2)(4-f_3^2)(3+f_3),$$

die für die Werte $f_2 = 1$ und $f_2 = 2$ bzw. $f_3 = 3$ den Wert 1 annehmen, während sie für jeden anderen zulässigen Wert der Restklassenrepräsentanten f_2 und f_3 verschwinden, und erhalten ganz analog zu der oben mit den Resten r_0' durchgeführten Rechnung:

$$-\frac{1}{3}\sum_{t'=1}^{t} f_2'(1+f_2')(4-f_2'^2) = -2u_2 - 2\varphi_1 = -\frac{2t}{5} + \frac{2f_2}{5} - 2\varphi_1,$$

$$-\frac{1}{720}\sum_{t'=1}^{t} f_3'(1-f_3'^2)(4-f_3'^2)(3+f_3') = -u_3 - \psi_1$$
$$= -\frac{t}{7} + \frac{f_3}{7} - \psi_1,$$

$$\sum_{t'=1}^{t} r_1' = \frac{16t}{35} + \frac{2f_2}{5} + \frac{f_3}{7} - (2\varphi_1 + \psi_1) = \sum_{t'=1}^{t} r_0' - (\varrho_0 + 2\varphi_1 + \psi_1),$$

$$\sigma_1 = \varrho_0 + 2\varphi_1 + \psi_1 = \frac{f_2}{6}(1+f_2)(8-f_2-f_2^2)$$
$$- \frac{f_3}{720}(1-f_3)(2-f_3)(216 + 77f_3 - 30f_3^2 - 11f_3^3),$$

wo das erste Glied rechts für die drei Werte $f_2 = 1$, $f_2 = \pm 2$ den Wert 2 annimmt und das zweite Glied rechts für die 4 Werte $f_3 = -1$, $f_3 = -2$, $f_3 = \pm 3$ den Wert 1 annimmt, während beide Glieder für jeden anderen zulässigen Wert der Restklassenrepräsentanten f_2 und f_3 verschwinden. Es ist daher

$$\sigma_1 = 0 \text{ für } f_2 = -1,\ 0 \text{ nebst } f_3 = 0, 1, 2;$$
$$\sigma_1 = 1 \text{ für } f_2 = -1,\ 0 \text{ nebst } f_3 = -3,\ -2,\ -1,\ 3;$$
$$\sigma_1 = 2 \text{ für } f_2 = -2,\ 1,\ 2 \text{ nebst } f_3 = 0, 1, 2;$$
$$\sigma_1 = 3 \text{ für } f_2 = -2,\ 1,\ 2 \text{ nebst } f_3 = -3,\ -2,\ -1,\ 3.$$

Damit sind nicht nur die in der Einleitung aufgestellten Darstellungen für die beiden Funktionen $\Gamma_0(s)$ und $\varphi(s)$ bewiesen, sondern es sind auch die Werte 0, 1, 2, 3, der beiden Reste ϱ_0 und σ_1 für jede Restklasse festgestellt, in der t nach dem Modul 35 liegen kann, wobei immer $\sigma_1 \geqq \varrho_0$ ist.

BERICHTE ÜBER DIE VERHANDLUNGEN DER SÄCHSISCHEN AKADEMIE DER WISSENSCHAFTEN ZU LEIPZIG

MATHEMATISCH-NATURWISSENSCHAFTLICHE KLASSE

Band 97

Heft 1 *Erich Strack:*	Beobachtungen über den endogenen Anteil des Kot-Stickstoffes. 1949	DM 2.50
Heft 2 *Ernst Hölder:*	Über die Variationsprinzipe der Mechanik der Kontinua. 1950	vergr.
Heft 3 *H. Gerstner / H. Baark / H. Graul:*	Der Wechselstromwiderstand der Froschhaut. 1950	DM 2.75
Heft 4 *H. Beckert:*	Existenz- und Eindeutigkeitsbeweise für das Differenzenverfahren zur Lösung des Anfangswertproblems, des gemischten Anfangs-Randwert- und des charakteristischen Problems einer hyperbolischen Differentialgleichung 2. Ordnung mit zwei unabhängigen Variablen. 1950	DM 9.—
Heft 5 *H. Beckert:*	Über quasilineare hyperbolische Systeme partieller Differentialgleichungen 1. Ordnung mit zwei unabhängigen Variablen. Das Anfangswertproblem, die gemischte Anfangs-Randwertaufgabe, das charakteristische Problem. 1950	DM 14.50
Heft 6 *E. Heidebroek:*	Das Verhalten von zähen Flüssigkeiten, insbesondere Schmierflüssigkeiten, in engen Spalten. 1950	vergr.
Heft 7 *Hans Schubert:*	Über eine lineare Integrodifferentialgleichung mit Zusatzkern. 1950	DM 9.25
Heft 8 *Helmar Krupp:*	Bestimmung der allgemeinen Lösung der Schrödinger Gleichung für Coulomb-Potential. 1950	DM 5.50

Band 98

Heft 1 *Walter Schnee:*	Über magische Quadrate und lineare Gitterpunktprobleme	(vorliegende Veröffentlichung)
Heft 2 *E. Heidebroek:*	Über die Beziehungen zwischen Schmierung und Verschleiß bei geschmierter Gleitreibung. 1950	DM 2.75
Heft 3 *Karl Kegel:*	Der Salzstock Mirowo bei Provadia in Bulgarien. 1951	DM 3.—
Heft 4 *H. Beckert / Hans Salié:*	Bemerkungen über die Verbiegung hyperbolisch gekrümmter Flächenstücke. Über Abels Verallgemeinerung der binomischen Formel. 1951	DM 2.25

Band 99

Heft 1 *H. Brandt:*	Über das quadratische Reziprozitätsgesetz	(im Druck)
Heft 2 *Georg Spackeler:*	Der Gebirgsdruck und seine Beherrschung durch den Bergmann	(im Druck)

Bestellungen an eine Buchhandlung oder den Verlag erbeten

A K A D E M I E - V E R L A G · B E R L I N N W 7

FSC
www.fsc.org
MIX
Papier | Fördert gute Waldnutzung
FSC® C083411

Zeitfracht Medien GmbH
Ferdinand-Jühlke-Straße 7
99095 Erfurt, Deutschland
produktsicherheit@kolibri360.de